WHAT'S THE POINT OF SCIENCE

超級有用的科學原理

英國 DK 出版社 編著 寧建 譯

Original Title: *What's The Point of Science*
Copyright © Dorling Kindersley Limited, 2021
A Penguin Random House Company

本書中文繁體版由 DK 授權出版。
本書中文譯文由北京酷酷咪文化發展有限公司授權使用。

超級有用的科學原理

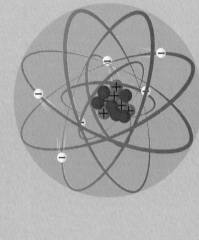

編　　著：英國DK出版社
譯　　者：寧　建
責任編輯：張宇程
出　　版：商務印書館（香港）有限公司
　　　　　香港筲箕灣耀興道3號東滙廣場8樓
　　　　　http://www.commercialpress.com.hk
發　　行：香港聯合書刊物流有限公司
　　　　　香港新界荃灣德士古道220-248號荃灣工業中心16樓
印　　刷：敬業（東莞）印刷包裝廠有限公司
　　　　　廣東省東莞市虎門鎮大寧管理區
版　　次：2022年7月第1版第1次印刷
　　　　　© 2022商務印書館（香港）有限公司
　　　　　ISBN 978 962 07 3464 9
　　　　　Published in Hong Kong, SAR. Printed in China.
　　　　　版權所有　不得翻印

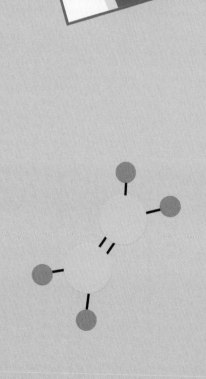

For the curious
www.dk.com

WHAT'S THE POINT OF SCIENCE
超級有用的科學原理

目錄

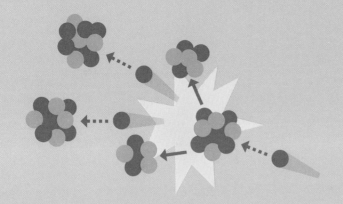

公元紀年以耶穌基督誕生的那一年為公曆元年，即「公元 1 年」。耶穌基督誕生的前一年則稱為「公元前 1 年」。

「公元前」是「公元元年以前」的縮寫。本書中如果年代前面有「公元前」字樣，那麼就代表公曆元年以前的年份，數字越大，代表年代越久遠。

如果不知道某件事發生的確切年代，則使用「約」表示年代是約數。

科學有甚麼用？

環顧你的四周，你會發現科學無處不在，包括最小的工具，也包括我們對浩瀚宇宙的了解。科學家們總是提出問題，總是試圖了解我們周圍的世界，以及改善這個世界和我們在這個世界中的生活。他們的辛勤工作和無盡的好奇心推動了物質和思想的文明和進步，這裏只是其中的一些方面。

恐龍

人人都喜歡恐龍，但是如果沒有古生物學家和生物學家，我們大概會對恐龍和其他史前生命知之甚少。這些專家們尋找、仔細挖掘和保存化石，重建了恐龍時代，以及恐龍之前和之後的時代。

醫療

醫生、牙醫、物理治療師、心理學家等專家們用科學來診斷我們身體的問題，根據科學給我們治療。醫學科學的發展極大地改進了診斷和治療方法，使我們更加健康。

愛護地球

科學家們讓我們意識到人類的某些行為正在傷害我們賴以生存的地球家園。許多人希望全世界的科學家們能夠共同努力，來尋找解決全球暖化的方法，以挽救地球上的生命。

建築

我們從物理學中獲得的力學和材料學的知識使我們可以建造新穎漂亮、令人難忘的建築。我們都需要工作、學習、娛樂和生活的場所，科學幫助建築師和工程師們找到建築這些場所的好方法。

探索宇宙

我們對太空和宇宙的了解都來自科學家們進行的觀察和收集的數據。近幾十年來，他們發射了很多巨大的火箭，使太空船能夠掙脫地球引力，進入太陽系收集更多數據。

治病救人

在人類歷史中的大部分時期，我們對某些病毒、疾病和感染束手無策，許多人因此而過早去世。科學家和醫生們發明了疫苗、抗生素和其他藥物，挽救了無數人的生命，極大地提高了人類的健康水平和平均壽命。

舒適的生活

科學在創造新材料方面發揮了巨大的作用。這些新材料被用在娛樂用品、學習用品、衣服、運動器材，甚至包括這本書。這些用品給我們的日常生活帶來了安逸。

探索地球

從數百年前環遊世界的探險，到今天乘坐飛機前往不同國家的旅遊，科學已經實現了許多突破性的進展，使旅行和探險更安全、更舒適、更令人期待。

娛樂

想玩點甚麼嗎？科學會為你服務！從煙花到電子樂器，再到電子遊戲機，一切都因超出想像的科學突破而發生。

了解我們自己

為甚麼我們會長成現在這個樣子？我們的身體內部正在發生甚麼？各種動物是如何生存變化一路走到今天的？科學已經為我們提供了這些問題的答案，並且還將繼續回答我們將來會遇到的問題。

預測天氣

今天可能出太陽，也可能有暴風雨。無論是甚麼天氣，科學家們都可以通過收集天氣數據，解釋數據，來告訴我們未來的天氣狀況。天氣預報對於農民、飛行員和水手們來說尤其重要，他們需要知道天氣情況，才能更好地完成他們的工作。

所有人的食物

隨着世界上的人口越來越多，種植營養豐富的食物比以往任何時候都更加重要。我們對生物學和化學的了解使我們更有能力充分利用地球和它的資源。

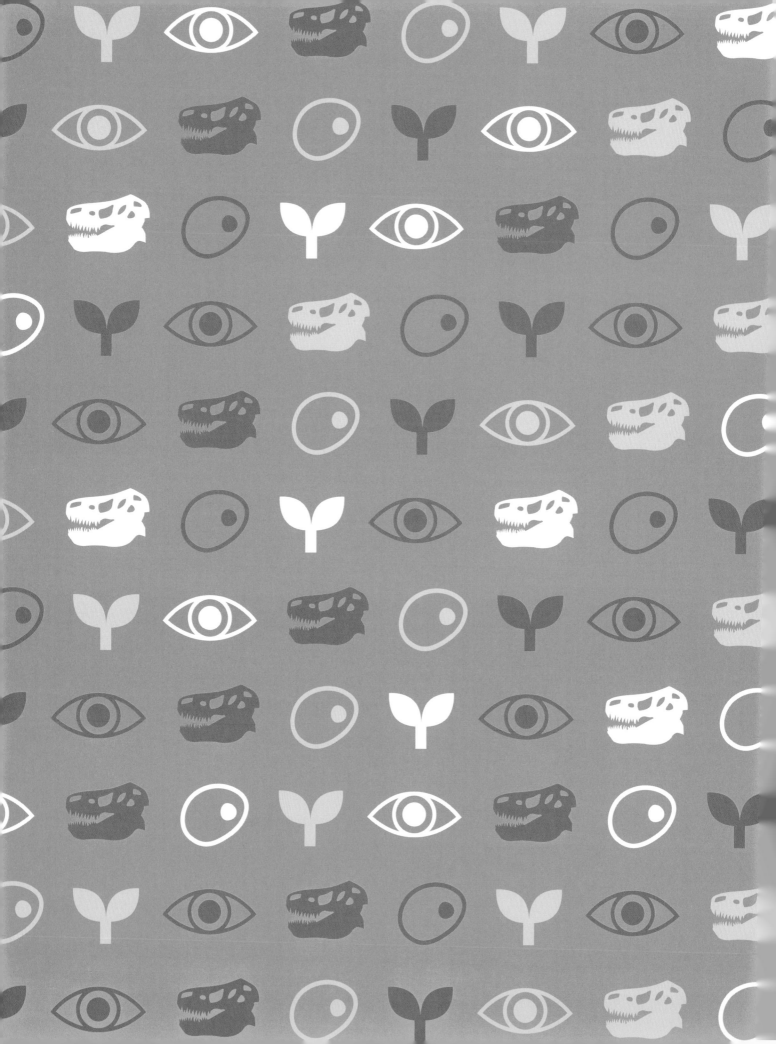

生物學

有甚麼用？

　　你有沒有想過，我們是如何對付可怕的病毒和感染的？是甚麼讓我們看起來彼此不同？動物是如何捕捉獵物的？所有這些以及無數的其他問題，都可以通過研究生物學來得到答案。生物學是研究各種生命形式的學科，包括微小的單細胞細菌和像我們這樣高級複雜的動物。

為甚麼我們需要生物學？

如果一個東西是活的，那麼生物學就會設法研究它，這是因為生物學是研究生命的學科。如果你想知道我們為甚麼需要睡眠，動物為甚麼會有這樣的行為，需要甚麼才能製造出我們每天吃的食物，那麼我們首先應該在生物學中尋找所有這些問題的答案，以及更多有關的信息。

日常生活中的生物學

研究生物學的科學家被稱為「生物學家」。他們研究一切，包括我們體內的細胞如何工作，以及龐大的動物羣如何適應環境並相互依賴來生存。生物學家通常是提醒我們注意危險疾病和動物種羣是否受到人類行為威脅的第一個人。

珍貴的植物

如果沒有植物，地球上就沒有生命。植物利用太陽的能量來給自己製造食物，並且被動物和人類當作食物。人類還可以利用植物來製造物品，也可以燃燒某些植物來得到熱量。

生物學家們研究人體對疾病和感染的反應，並且利用這些知識開發治療方法。

動物行為是生物學的領域，包括動物如何進食、玩耍、繁殖和休息。

生物學家們研究生物如何與環境相互作用，以及如何保護瀕危物種，例如猩猩。

生物學家們幫助我們了解運動、睡眠和均衡飲食對保持身心健康的重要性。

農業科學家們研究種植香蕉等作物和飼養動物作為人類的食物的最佳方法。

甚麼是生物學？

生物學是一門試圖解釋生命世界的科學，包括生命的誕生和存在的要素，以及人類、動物、植物甚至單細胞生物如何生存、生長、繁殖和死亡的全過程。

樹木利用陽光通過光合作用給自己製造食物。

生物學家研究我們的大腦如何工作，包括我們如何對喜歡的事情作出反應，例如休息和音樂。

你之所以是你，從你的身高到你的個性，都取決於你的生物個體特性。

從如何建造蜂巢到如何尋找食物，蜜蜂都表現出一系列獨特的行為。

生物學家們已經證明，鳥類是恐龍的近親。

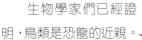

細胞有甚麼用？

就像建築物由磚塊構成一樣，所有生物，從微小的細菌到人類，都是由細胞構成的。細胞很小，只有在顯微鏡下才能看到它們。並非所有的細胞都是一樣的。植物細胞有堅硬的細胞壁來保護細胞，使它們保持形狀。動物細胞則有不同的類型，它們都有特定的作用。

植物細胞有稱為「液泡」的空間來儲存食物、水和廢物。

在動物和植物細胞中，線粒體將食物轉化為能量。

植物細胞

葉綠體利用來自陽光的能量為細胞製造食物。

植物細胞有堅硬的細胞壁，可以使細胞保持形狀。

核糖體製造蛋白質。

細胞質是細胞內的果凍狀液體。

動物和植物細胞中的細胞核儲存遺傳信息。

動物細胞

你能看到過去嗎？

當一個生物死亡後，在適當的條件下，它的身體會形成化石。化石是生物的身體在岩石中保存了數百萬年的印跡。化石獵人瑪麗·安寧（Mary Anning）在英國英格蘭萊姆里傑斯的懸崖搜尋化石，出售給收藏家，但是她的開創性發現最終徹底改變了科學家們對地球生命歷史的看法。

1 小時候，瑪麗和她的哥哥約瑟夫（Joseph Anning）幫助他們的父親收集菊石化石和箭石貝殼化石。化石在當時被認為是有收藏價值的「珍品」。瑪麗家以賣珍品為生，但是沒有人真正知道這些珍品究竟是甚麼。

2 1811 年，當時 12 歲的瑪麗和她的哥哥約瑟夫發現了一個頭骨化石，這與他們以前發現的東西都不一樣。瑪麗後來小心地挖掘出了這個化石的其餘部分，它是一具 5 米長的骨架，是第一具完整的魚龍化石。魚龍是一種神秘的動物。

箭石貝殼

菊石

魚龍的英文單詞 Ichthyosaurus 意思是「魚類蜥蜴」。

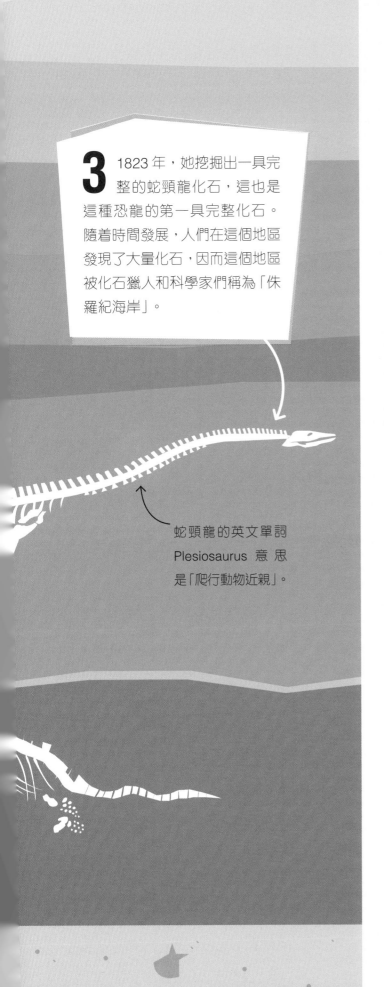

3 1823 年，她挖掘出一具完整的蛇頸龍化石，這也是這種恐龍的第一具完整化石。隨着時間發展，人們在這個地區發現了大量化石，因而這個地區被化石獵人和科學家們稱為「侏羅紀海岸」。

蛇頸龍的英文單詞 Plesiosaurus 意思是「爬行動物近親」。

了解科學

地質年代

瑪麗・安寧的發現極大地推動了對史前動物的研究，如何識別它們和確定它們的年代所需要的知識和技術也隨之發展。我們現在知道，化石在一塊岩石中越深，就越古老。以下是地球地質時間線的一部分，以 MYA（million years ago，百萬年前）為單位。

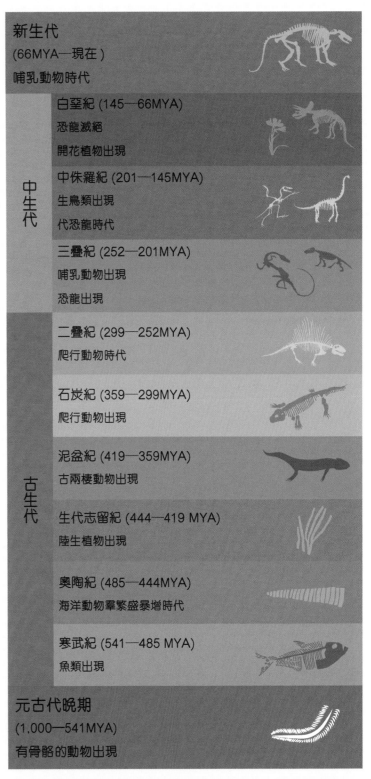

新生代
（66MYA─現在）
哺乳動物時代

中生代

白堊紀 (145─66MYA)
恐龍滅絕
開花植物出現

中侏羅紀 (201─145MYA)
生鳥類出現
代恐龍時代

三疊紀 (252─201MYA)
哺乳動物出現
恐龍出現

古生代

二疊紀 (299─252MYA)
爬行動物時代

石炭紀 (359─299MYA)
爬行動物出現

泥盆紀 (419─359MYA)
古兩棲動物出現

生代志留紀 (444─419 MYA)
陸生植物出現

奧陶紀 (485─444MYA)
海洋動物羣繁盛暴增時代

寒武紀 (541─485 MYA)
魚類出現

元古代晚期
（1,000─541MYA）
有骨骼的動物出現

化石是如何形成的？

並非所有死去的生物都會變成化石。事實上，變成化石是一個罕見的過程，生物在岩石中留下的印記需要很長時間，也要有恰到好處的條件，才能變成化石。如果它們不被破壞，才能在數百萬年後被發現並且被小心翼翼地挖掘出來。

化石只存在
於沉積岩中。

動物只剩下
骨頭和牙齒。

動物死亡。

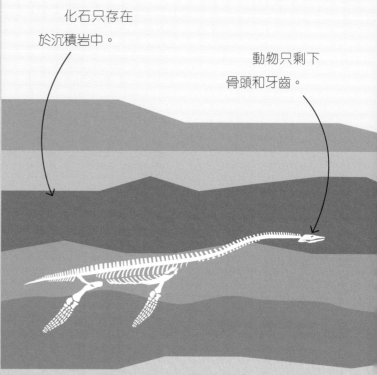

1 動物死後，只有被沙子或泥土之類的東西迅速掩埋，屍體才會腐爛得比較慢，才能變成化石。

2 動物的軟組織，例如皮膚和肌肉會腐爛，剩下的骨骼被稱為「沉積物」的岩石顆粒和礦物質覆蓋。隨着時間發展，這些岩石顆粒堆積起來並且被壓實，形成沉積岩。

真實世界

恐龍羽毛

科學家們過去認為所有恐龍都是有鱗的，就像鱷魚和蜥蜴一樣，但是我們現在知道有些恐龍是有羽毛的。人們發現了保存在琥珀（化石化的樹脂）中的恐龍羽毛，例如，圖中所示是 2016 年發現的恐龍羽毛。

你知道嗎？

糞便化石！

並非所有化石都是恐龍和動物骨骼的化石。植物、蛋，甚至腳印，也可以變成化石。科學家們還發現了糞便化石，稱它們為「糞化石」。

挖掘化石時要非常小心，以保護它免受損壞。

骨架變成了化石。

3 岩石中的水滲入骨骼，最終會溶解骨骼。當被溶解了的骨骼失去水份以後，礦物質留在原來是骨骼的地方，從而在岩石中留下骨骼的印記。

4 隨着時間發展，有些岩石和土壤會因侵蝕而磨損，而較老的岩石在「隆起」過程中從地層深處向上移動，導致有些化石更接近地表，使古生物學家們有可能會在那裏發現它們。

持久的影響

　　瑪麗·安寧等古生物學家們發現的化石徹底改變了我們對地球歷史的認識。化石讓我們有機會獲得幾百萬年前的信息。令人難以置信的古代化石為進化論提供了具體的證據，激勵人們了解地球的歷史，並且鼓勵科學家們進一步了解史前地球上的生命。

博物館根據發現的化石製作恐龍模型。

如何阻止病毒

在相當長的時間裏，人類無法有效地防止和治療由有害微生物傳播的疾病，歷史上傳染病曾經殺死了當時幾乎一半的人口。天花是最大的殺手之一，它是由一種在人類的呼吸道中傳播的病毒引起的。天花導致了無數人的死亡和失明，但是 1796 年，一位英國醫生找到了一種安全預防天花的方法：接種牛痘。到 1980 年，天花被徹底根除了。

1 大約 500 年前的中國，人們發現輕微的天花感染可以使人對致命的天花感染免疫，因此大夫將天花痂吹入人們的鼻腔裏，來使他們感染輕微的天花。這個方法有時會奏效，但是也有一定的危險性。

天花病患的膿液和痂被接種到皮膚劃痕裏。

2 到了 18 世紀，歐洲的醫生發現了一種預防致命天花的方法：他們將天花病患的痂皮或膿皰液接種到人的皮膚劃痕裏。俄羅斯女皇葉卡捷琳娜大帝（Catherine the Great）接受了這樣的「接種」，患病兩個星期後恢復了健康，因此獲得了對天花的免疫力。

3 在 18 世紀後期，英國醫生愛德華·詹納（Edward Jenner）注意到擠奶女工不會感染天花。他想知道這是否因為她們感染過奶牛的牛痘。牛痘是一種類似天花但是危險性低得多的疾病。

牛痘水泡

感染牛痘的人長出水泡。

4 1796 年，愛德華·詹納從一位擠奶女工的牛痘水泡中取出膿液，接種到一個男孩手臂上的劃痕裏。後來，愛德華·詹納給這個男孩注射了天花，但是男孩沒有生病，他免疫了。這種療法被稱為 "vaccine"（牛痘苗、疫苗），源自拉丁文 vacca，意為「牛」。

愛德華·詹納將牛痘病毒接種到 8 歲男孩詹姆斯·菲普斯（James Phipps）手臂上的劃痕裏。

了解科學
病毒的傳染原理

病毒是最小的微生物，會引起許多類型的疾病，包括普通感冒、水痘、狂犬病和新型冠狀病毒肺炎，它們脅持我們的細胞，並且迫使我們的細胞製造它們的新副本，以此進行繁殖。

病毒入侵人體後，會利用病毒表面上稱為「抗原」的分子來尋找合適的人體細胞，然後附着在人體細胞上。

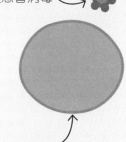

入侵感冒病毒

人體喉嚨細胞

病毒將自己的基因作為 DNA 分子（或相關的 RNA 分子）注入人體細胞。

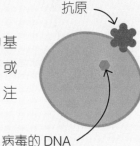

抗原

病毒的 DNA

病毒的基因接管了人體細胞，強迫它製作病毒抗原和基因的副本。

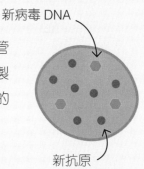

新病毒 DNA

新抗原

人體細胞將這些破裂病毒抗原和基因的副本組裝成數百個病毒副本，然後摧毀人體細胞，在人體內擴散，入侵更多人體細胞。

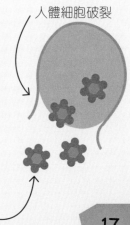

人體細胞破裂

原始病毒的副本

疫苗如何發揮作用

疫苗通過刺激人體的免疫系統而使人體免疫。免疫系統會不斷尋找體內的新細菌，然後用稱為「抗體」的化學物質攻擊這些細菌。當這種情況發生時，免疫系統也會產生能夠記住入侵細菌的「記憶細胞」。如果同一種細菌再次感染人體，記憶細胞會非常迅速地發動攻擊，在人體生病之前就將細菌摧毀，也就是說，人體已經對這種細菌免疫了。

1 大多數疫苗是由經過改造的細菌製成的，它們的表面具有與原來的細菌相同的抗原分子。當疫苗進入人體時，白細胞會嘗試使用自己的抗體分子鎖定這些抗原。白細胞會嘗試數千種類型的抗體，最終找到匹配的抗體。

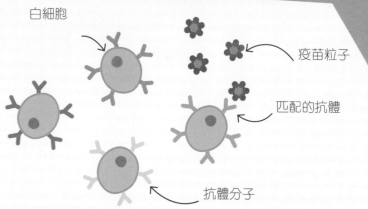

白細胞

疫苗粒子

匹配的抗體

抗體分子

2 成功匹配的白細胞在匹配的觸發下，分裂而產生數百萬個新細胞，所有新細胞都帶有匹配的抗體。這些新細胞會釋放大量抗體，抗體在人體內游走，然後黏附在細菌上，為稱為「吞噬細胞」的一羣細胞做標記。之後吞噬細胞就會過來吞噬並且殺死細菌。

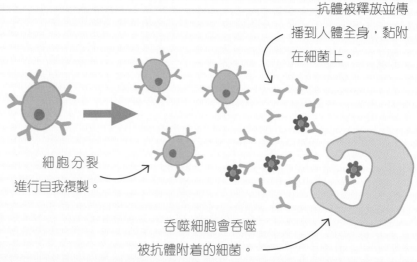

抗體被釋放並傳播到人體全身，黏附在細菌上。

細胞分裂進行自我複製。

吞噬細胞會吞噬被抗體附着的細菌。

3 成功匹配的白細胞也會製造記憶細胞。記憶細胞在人體內存在多年，準備好當同樣的細菌再次出現時發動更快的攻擊。因此記憶細胞賦予了人體免疫力。

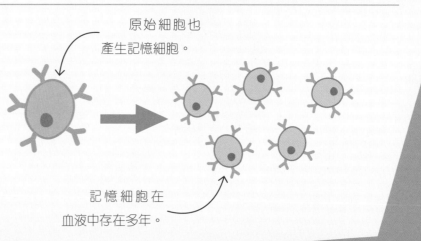

原始細胞也產生記憶細胞。

記憶細胞在血液中存在多年。

病毒變異

　　流感等病毒由於基因變異，可以快速進化。如果變異改變了病毒抗原的形狀，人體內的抗體就可能不再認識它，這意味着人體就不再具有免疫力。這就是一個人會年復一年地患流感的原因。

新型冠狀病毒肺炎大流行

　　2019 年 12 月，世界衞生組織發現了一種致命的新型冠狀病毒肺炎，這種流行病毒很快在全球流行，一年之內就造成數百萬人死亡。科學家們採用了各種方法預防和治療這種傳染病，並且開發了至少三種有效的疫苗來預防這種疾病。但因為出現變異，這種病毒或許不會完全消失。

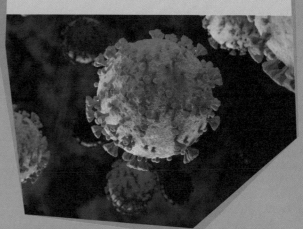

為甚麼疫苗很重要？

　　疫苗每年挽救無數人的生命。據估計，從 2000 年到 2016 年，僅麻疹疫苗就已避免了全球 2,000 萬名兒童死亡。雖然很少有疾病能被疫苗根除，但是許多曾經常見的疾病現在已經非常罕見了。

麻疹
530,217 例

天花
29,005 例

脊髓灰質炎
16,316 例

腮腺炎
162,344 例

風疹
47,745 例

1910 年美國年度疾病病例

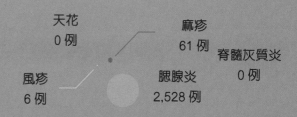

天花
0 例

麻疹
61 例

脊髓灰質炎
0 例

風疹
6 例

腮腺炎
2,528 例

2010 年美國年度疾病病例

1 幾千年來，人們一直在有選擇地培育動物和植物，使它們將有用的特徵傳遞給下一代，並且阻止不良特徵的傳遞。但是人們並不知道，這種培育實際上是在影響基因。

2 格雷戈爾·孟德爾（Gregor Mendel）於 1850 年代開始研究特徵是如何傳遞的。他首先在修道院的花園裏試驗豌豆。他選擇豌豆是因為它們長得很快，有很多種子，具有明顯的不同特徵，而且可以在簡單、可控的環境中培育，因此比較容易發現它們如何傳遞特徵。

野狼經過很多代有選擇地培育，變成對人友好的狗。

孟德爾將一種豌豆植株雄性部分的花粉摩擦到另一種豌豆植株的雌性部分上，親自對這些植株進行了雜交受精。

為甚麼我看起來像我？

你看起來像你的家人是有原因的，這個原因就是基因，也就是你從父母那裏得到的遺傳特徵。研究特徵如何代代相傳的學科被稱為「遺傳學」。 人類早就知道遺傳，但是捷克出生的一位修道士用實驗首次解釋了遺傳是如何運作的。

3 在 8 年的時間裏，孟德爾種植了大約 29,000 株豌豆，研究了幾代豌豆的特徵，例如豆莢、豌豆和花朵的顏色。他沒有發現「混合」特徵，例如，將開紫色花朵的豌豆植株與開白色花朵的豌豆植株雜交，並不會產生淺紫色的花朵。

有的豌豆植株高，有的豌豆植株矮。

有的花是白色的，有的花是紫色的。有的花長在莖端，有的花長在莖側。

有的豌豆莢是綠色的，有的豌豆莢是黃色的。莢裏面的豌豆有的是綠色的，有的是黃色的。

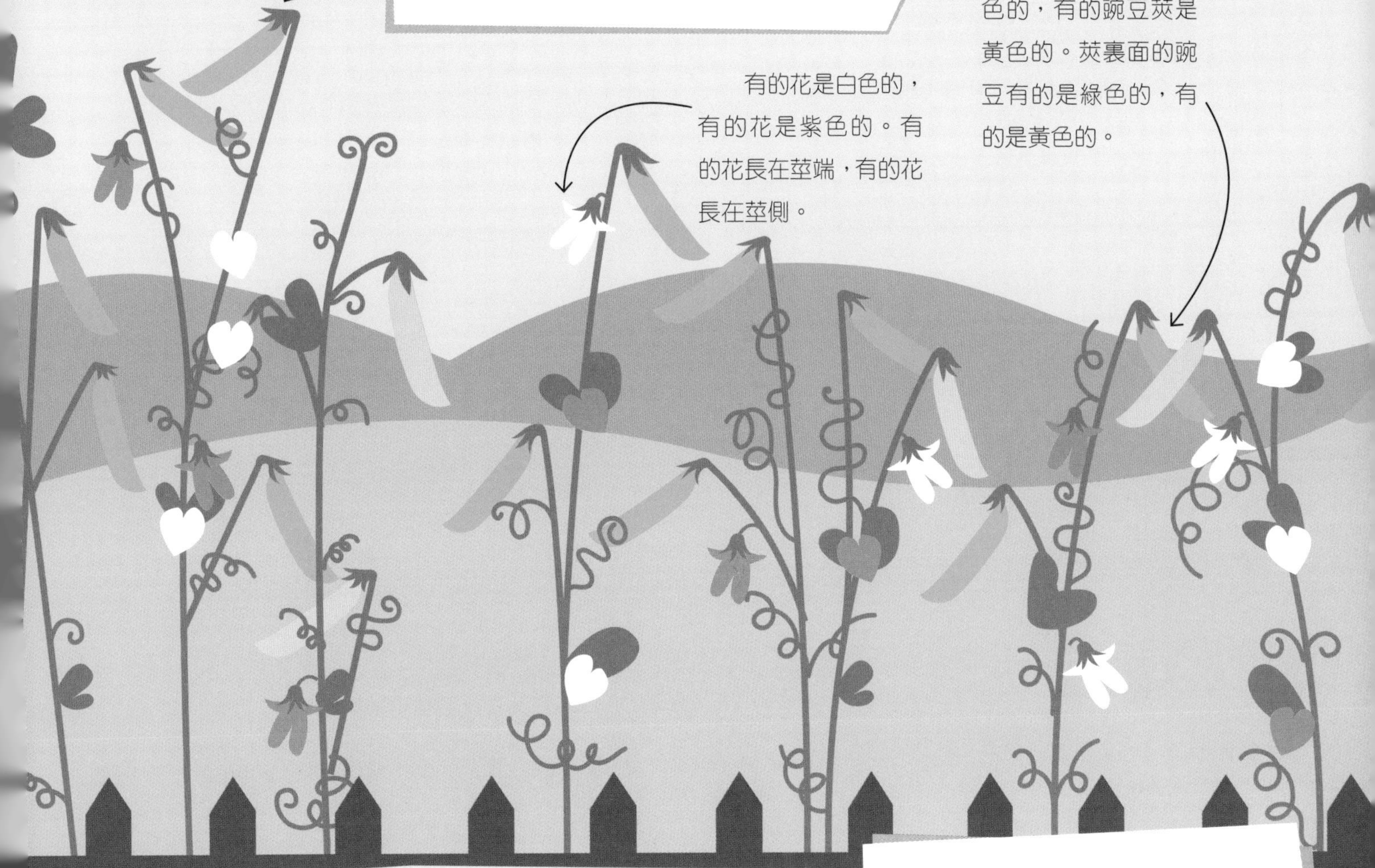

孟德爾將總是生長綠色豆莢的植株與那些總是生長黃色豆莢的植株進行雜交後，得到的第一代植株總是生長綠色豆莢。

將第一代植株相互雜交後，得到的第二代會以 3:1 的比例分別長出綠色豆莢和黃色豆莢。

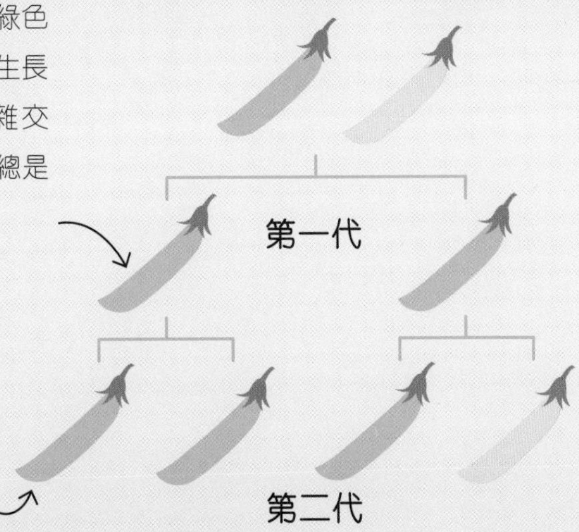

第一代

第二代

4 孟德爾發現豌豆植株的有些特徵代代相傳，而有些特徵隔代相傳，其中有些特徵比其他特徵更常見。他推斷，有些特徵是顯性的，也就是說，它們更有可能是後代植株顯示的特徵。

基因如何運作

　　孟德爾推斷，每個親本的每個特徵都有兩個版本，每個親本給每個後代一個特徵版本。有些特徵（例如綠色豆莢）是顯性的，而有些特徵（例如黃色豆莢）是隱性的。我們現在稱這些特徵為「基因」，而稱每個特徵的不同版本為「等位基因」。

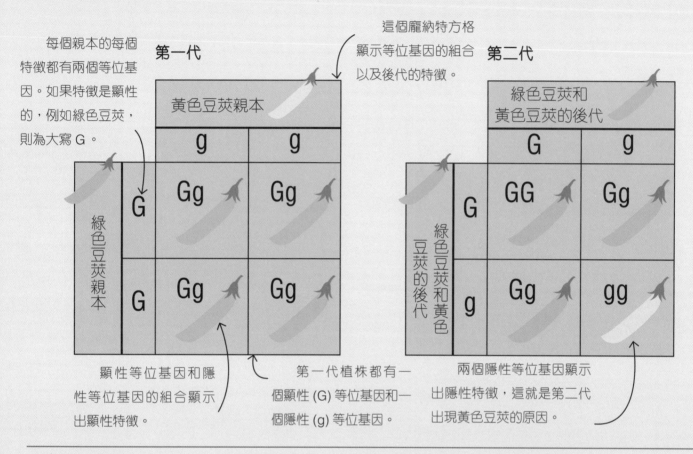

每個親本的每個特徵都有兩個等位基因。如果特徵是顯性的，例如綠色豆莢，則為大寫 G。

這個龐納特方格顯示等位基因的組合以及後代的特徵。

第一代

黃色豆莢親本

	g	g
G	Gg	Gg
G	Gg	Gg

綠色豆莢親本

第二代

綠色豆莢和黃色豆莢的後代

	G	g
G	GG	Gg
g	Gg	gg

綠色豆莢和黃色豆莢的後代

顯性等位基因和隱性等位基因的組合顯示出顯性特徵。

第一代植株都有一個顯性 (G) 等位基因和一個隱性 (g) 等位基因。

兩個隱性等位基因顯示出隱性特徵，這就是第二代出現黃色豆莢的原因。

有選擇性

　　我們現在利用我們的基因知識來有選擇性地培育具有理想特徵的動物和植物。我們選擇具有我們想要的特徵的親本。例如，我們有選擇性地育種來培育可以生產更多羊毛的綿羊和產量更高的農作物，我們還有選擇性地培育動物和植物來增強它們對病蟲害的抵抗力。所有這些都對我們的食物產量產生了巨大影響。

植物和動物的抗病能力提高了食物產量。

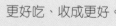

在選擇培育下，動物體型變大，以生產更多肉。

小麥等作物經過選擇培育，變得更健康、更好吃、收成更好。

相似性與差異性

人類的遺傳很複雜，不像豌豆植株那樣容易預測。這是因為我們的每個特徵通常都由多個基因控制，而且正如我們所見，有些特徵可能會跳過一代而只在下一代出現。對於有些特徵，例如孩子的眼睛顏色，我們只能根據父母的特徵作出粗略的推測。

父母 1	父母 2	孩子的眼睛顏色的可能性		
👁	+ 👁 =	75%	18.75%	6.25%
👁	+ 👁 =	50%	37.5%	12.5%
👁	+ 👁 =	50%	0%	50%
👁	+ 👁 =	<1%	75%	25%
👁	+ 👁 =	0%	50%	50%
👁	+ 👁 =	0%	1%	99%

基因指紋

每個人的基因都不一樣，這意味着它們可以被用來識別我們的身份，就像指紋一樣。警方使用基因科學分析留在犯罪現場的頭髮和唾液，來確定罪犯是誰。

如果父母一方的眼睛是棕色的，另一方的眼睛是藍色的，則他們的孩子的眼睛有 50% 的可能性是棕色的，而 50% 的可能性是藍色的。

此外，當父母的等位基因為他們的孩子複製時，有時會發生一些小錯誤，從而導致差異。這就是有些人看起來既不像他們的父親，也不像他們的母親的原因，他們可能具有父母所沒有的特殊特徵，例如身高。這些差異成為他們自己的遺傳信息的一部分，如果他們將來有孩子，他們可能會將這些信息傳遞給孩子。

女兒的身高基因與父母明顯不同。

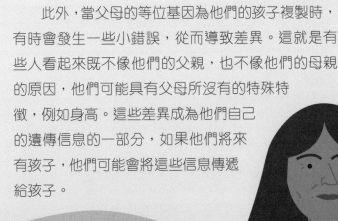

如何挽救人的生命

在第一次世界大戰期間，數以百萬計的士兵死亡，但並非全部是在戰鬥中陣亡，許多士兵因為他們的傷口被稱為「細菌」的微生物感染而死亡。幾千年來，細菌給億萬人帶來痛苦甚至死亡，但是由於一個完全偶然的發現，這一切都發生了變化！

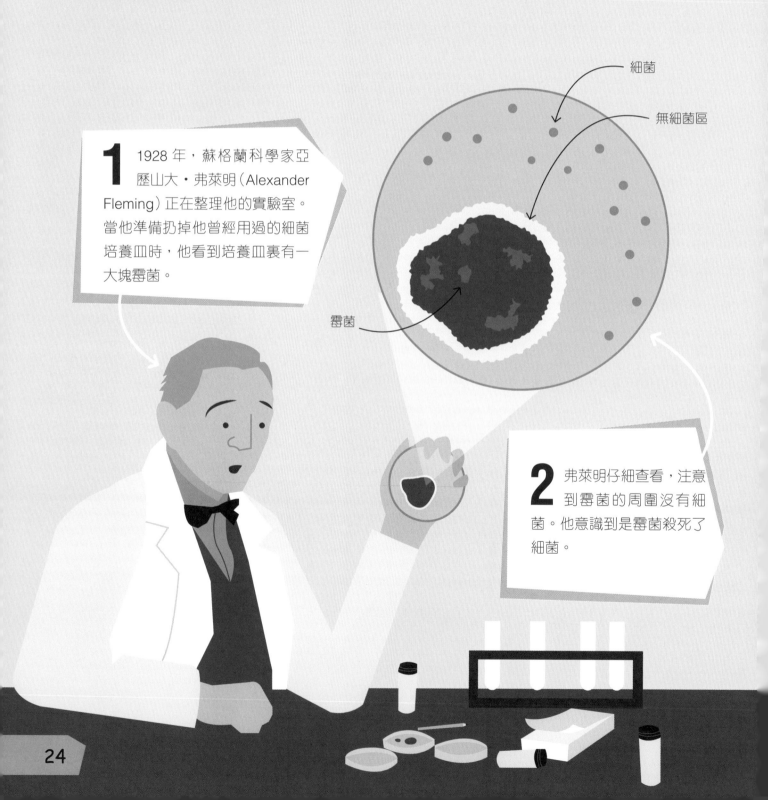

細菌

無細菌區

霉菌

1 1928 年，蘇格蘭科學家亞歷山大·弗萊明（Alexander Fleming）正在整理他的實驗室。當他準備扔掉他曾經用過的細菌培養皿時，他看到培養皿裏有一大塊霉菌。

2 弗萊明仔細查看，注意到霉菌的周圍沒有細菌。他意識到是霉菌殺死了細菌。

3 弗萊明意識到他可能偶然發現了一種可以對抗細菌的武器。他讓他的實驗室團隊開始研究。幾個星期後,他們驗明了殺死細菌的真菌,弗萊明將這種真菌命名為「青黴素」(盤尼西林)。他發現了細菌殺手——抗生素!

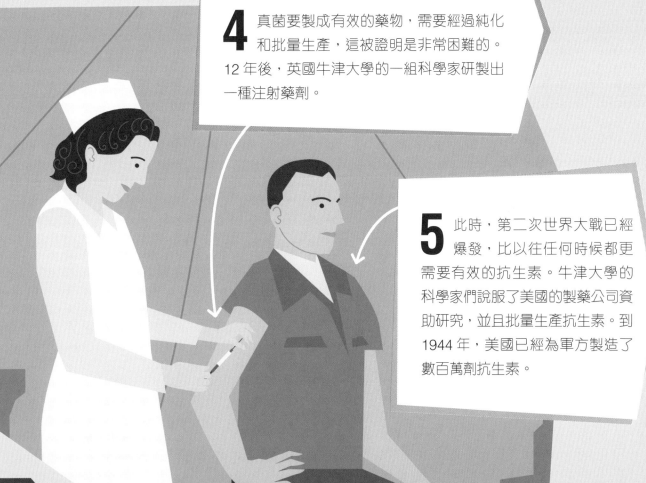

4 真菌要製成有效的藥物,需要經過純化和批量生產,這被證明是非常困難的。12年後,英國牛津大學的一組科學家研製出一種注射藥劑。

5 此時,第二次世界大戰已經爆發,比以往任何時候都更需要有效的抗生素。牛津大學的科學家們說服了美國的製藥公司資助研究,並且批量生產抗生素。到1944年,美國已經為軍方製造了數百萬劑抗生素。

甚麼是細菌？

　　細菌是微小的單細胞生物，在地球上無處不在。一茶匙土壤裏至少含有 1 億個細菌，而人體內則含有大約 40 萬億個細菌。有些細菌是有益的，例如腸道中幫助消化食物的細菌，但是有些細菌可能會導致致命的疾病。細菌通常根據它們的形狀被分為三類。

在細菌細胞裏，幫助它繁殖的基因儲存在一個纏結的 DNA 環中。

DNA 漂浮在稱為「細胞質」的稠凝膠中。

核糖體製造細菌所需的蛋白質。

堅固的細胞壁包裹着細胞質。

球菌，例如鏈球菌，是球形的。

桿菌呈棒狀。

桿菌　　**鏈球菌**

許多細菌使用稱為「菌毛」的微小毛髮黏附在其他東西的表面上。

螺旋體

螺旋菌可以是逗號狀的（弧菌），也可以是粗螺旋狀的（螺菌）或細螺旋狀的（螺旋體）。

螺菌　　**弧菌**

有些細菌使用鞭毛來移動。鞭毛是一種尾巴。

青霉素的作用

　　自從第二次世界大戰以來，青霉素這種抗生素已被用於治療無數患有細菌感染的患者身上。鏈球菌是一種生活在人類和動物喉嚨中的細菌，通常不會引起任何問題，但是對於免疫力較弱的人，它們會向下移動到肺部，在那裏可能會導致一種稱為「肺炎」的危險炎症。

鏈球菌在肺部繁殖，並且引起腫脹。

肺炎會使肺部微小的氣囊充滿水，導致呼吸困難。

抗生素通過削弱細菌堅固的細胞壁來對抗細菌，最終使細胞壁破裂、細菌死亡。

超級細菌

抗生素挽救了無數人的生命，但是科學家們很快發現了一個問題。由於基因變異，我們用抗生素對抗的細菌在不斷地發生變異，有些變異使細菌對抗生素產生了耐藥性，我們使用抗生素越多，這些耐藥細菌就越常見。高度耐藥的危險細菌被稱為「超級細菌」。

沒有耐藥性的細菌。

由於自然選擇，耐藥細菌存活，而其餘細菌死亡。

一個細菌發生變異，並且對抗生素產生了耐藥性。

耐藥細菌不斷繁殖，最終它們都對抗生素有耐藥性。

堅韌的細菌

有些細菌非常耐寒和耐輻射，它們甚至可以在太空中的極端寒冷中和輻射水平下生存。科學家們在國際太空站外放置了一些耐輻射奇球菌，它們存活了三年，這可能意味着有些生命不需要地球環境也能生存。

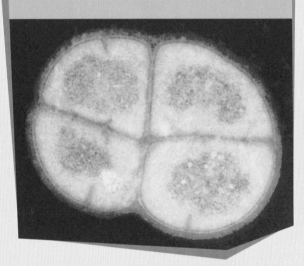

在黑暗中發光

有些生物利用細菌來產生光，這種能力被稱為「生物發光」。為了在夜間保護自己，耳烏賊與一種稱為「費氏弧菌」的發光細菌共生，這些細菌居住在耳烏賊的外套膜上一個稱為「發光器官」的小袋裏，它們發出的光像水面上的月光，幫助耳烏賊融入周圍環境，使耳烏賊可以躲過捕食者的搜索。

當耳烏賊游動時，發光細菌會照亮耳烏賊的下部。

水下的捕食者被耳烏賊發出的光所迷惑。

如何保持食物新鮮

在 1860 年代之前，人們很難將牛奶保存幾天以上，每天都得買新鮮牛奶，即使這樣，有時也會因為喝牛奶而生病。牛奶變質的速度非常快，沒有人知道原因，沒有人知道如何防止變質發生。後來，法國生物學家路易斯·巴斯德（Louis Pasteur）作出了一項改變人類生活的發現，將牛奶保存更長時間，並且使牛奶更安全。

1 路易斯·巴斯德開始研究飲料，尤其是牛奶變質的原因。很多人認為變質是一個隨機過程，也無法避免生病的風險。

2 巴斯德很快發現，牛奶中天然存在的微小生物（微生物）是牛奶變質的罪魁禍首，這些微生物也會讓人生病。

3 他立即開始測試殺死微生物的方法。很快，巴斯德發現將牛奶煮沸然後迅速冷卻，可以使牛奶的保質期比以前長得多，而且人們喝了以後不會生病。

4 這個方法被稱為「巴氏滅菌法」。這是一個巨大的成功，食品生產商也開始使用這個方法來防止其他食品和飲料變質。現在巴氏滅菌法仍然在世界範圍內使用。

巴氏滅菌法

巴氏滅菌法有助於更長時間地保持牛奶新鮮，這個方法是讓牛奶通過熱交換器，先加熱到高溫，然後快速冷卻，最後將牛奶密封在經過消毒（清除微生物後）的瓶子或包裝盒中。

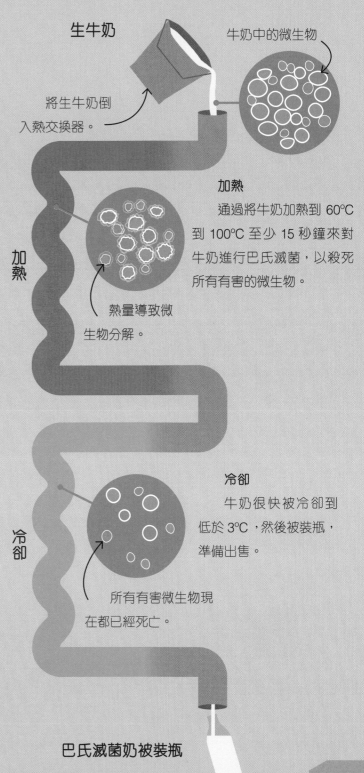

生牛奶

牛奶中的微生物

將生牛奶倒入熱交換器。

加熱
通過將牛奶加熱到 60℃ 到 100℃ 至少 15 秒鐘來對牛奶進行巴氏滅菌，以殺死所有有害的微生物。

加熱

熱量導致微生物分解。

冷卻
牛奶很快被冷卻到低於 3℃，然後被裝瓶，準備出售。

冷卻

所有有害微生物現在都已經死亡。

巴氏滅菌奶被裝瓶

哪些食物經過巴氏滅菌？

今天，我們享用的許多食物都經過巴氏滅菌，但是並非總是出於同樣的原因。現在世界上大多數國家都要求對許多食品進行巴氏滅菌，然後才能出售給消費者。

有害微生物無法在蜂蜜中存活，但是巴氏滅菌法可以殺死破壞蜂蜜的酵母菌。

蜂蜜

果汁

乳酪

牛奶

雖然巴氏滅菌醋並不能使醋更安全，但是確實可以延長它的食用期限。

醋

對雞蛋進行巴氏滅菌可以殺死雞蛋可能攜帶的大部分細菌和疾病。

雞蛋

奶油

試試看

PH 值

pH 值（酸鹼度）是衡量液體酸性或鹼性程度的標度。酸性物質的 pH 值為 1-6，而鹼性物質的 pH 值為 8-14。在這個實驗中，你將測試牛奶的 pH 值隨着時間發生的變化。你需要一些用於測量 pH 值的石蕊試紙和一些牛奶。

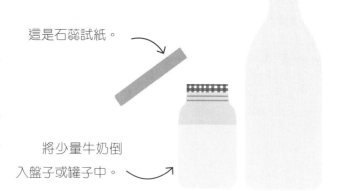

這是石蕊試紙。

將少量牛奶倒入盤子或罐子中。

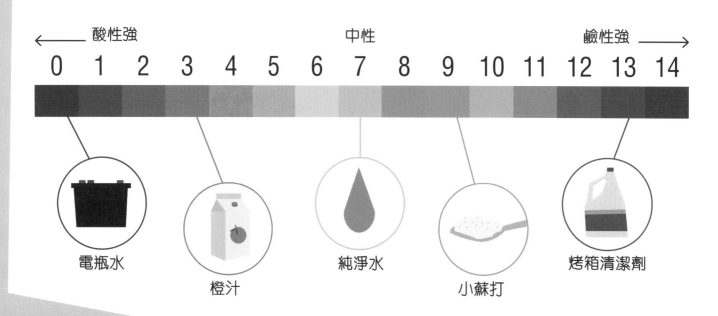

← 酸性強　　　　　　中性　　　　　　鹼性強 →

0　1　2　3　4　5　6　7　8　9　10　11　12　13　14

電瓶水

橙汁

純淨水

小蘇打

烤箱清潔劑

挽救絲綢工業

蠶蟲受到兩種疾病的影響，這些疾病會導致它們的卵變質，並且感染其他蠶蟲。路易斯·巴斯德發現了一種篩選卵子的方法，可以阻止感染發生。他的發現挽救了法國的絲綢工業，而他的方法很快被全世界採用。

對微生物的戰爭

幾個世紀以來，人們一直使用各種方法來保存食物，例如乾燥、醃泡、發酵和冷卻。我們現在有更多方法來保存食物，包括罐裝、冷凍、加化學添加劑，以及使用先進的包裝材料。所有這些方法或者殺死微生物，或者減慢微生物的繁殖能力，或者阻止食物在被食用前接觸微生物。

用石蕊試紙測試牛奶，並且記錄結果。

將牛奶放置至少一個星期（你可以將牛奶放在室外，這是因為牛奶變質後會有臭味！），然後用新的石蕊試紙進行測試。

你應該會看到 pH 值比以前低。即使牛奶經過巴氏滅菌，裏面仍然有一些微生物會隨着時間逐漸繁殖，並且從牛奶的乳糖中產生乳酸，從而使牛奶變酸。

保鮮更久

保存食物的科學改變了我們的生活方式和居住地點。我們不必住在食物製造地附近，我們不需要每天購買食物，我們可以依靠隨身攜帶的食物進行更長時間的旅行。

如何生存

　　數百萬年前生活在地球上的動物和植物與今天活着的動物和植物大不相同。動物和植物可能會隨着時間逐漸變化，並且發展成新的物種，這個過程稱為「進化」。第一位證明進化發生並且解釋進化原因的人，是英國博物學家查爾斯·達爾文（Charles Darwin）。

1 達爾文從小就對野生動物着迷，夢想着去異國旅行。1831年，當他22歲時，被邀請作為博物學家環繞世界進行科學考察。他抓住了這個機會。

2 英國皇家海軍小獵犬號艦的5年之旅將達爾文帶到了叢林、沙漠、火山和熱帶島嶼。他觀察了巨龜、海鬣蜥和其他神奇的動物和植物，仔細地記錄在日記中，並且繪畫了數以千計的詳細圖畫。

3 在太平洋上的火山島羣，也就是加拉帕戈斯羣島，達爾文收集了 13 種新雀類，每一種都有不同種類的喙。他想知道它們是否有一個很久以前被困在羣島上的共同祖先。

4 達爾文回家後，一個關於進化原理的理論開始在他的腦海中形成。他花了數年時間深思熟慮，收集證據，但是因為這個理論違背了宗教信仰，所以他不敢公佈。直到他 50 歲時，才終於將他的想法在一本著作中發表。這本著作立即成為暢銷書，並且引發了一場科學革命。

了解科學
自然選擇

達爾文看到大多數生物生出的後代遠遠多於存活到成年和繁殖年齡的數量，這顯示了一種競爭，也就是一種生存的競爭。大多數後代都會在競爭中死去，而具有最佳品質的個體才最有可能活下來，並且將自己的優點傳遞給下一代。正如達爾文所說的那樣，大自然不斷地剔除最不適應的，選擇最適應的，達爾文稱這個過程為「自然選擇」。

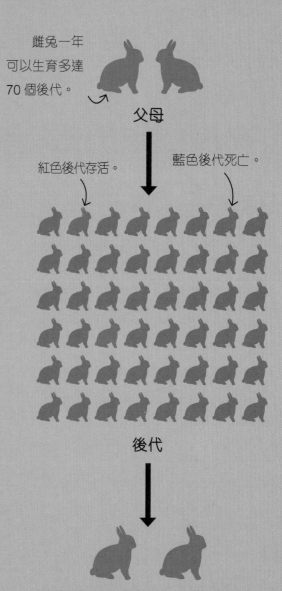

雌兔一年可以生育多達 70 個後代。

父母

紅色後代存活。　　藍色後代死亡。

後代

倖存的兔子成為再下一代的父母

達爾文的理論

達爾文的著作解釋了進化主要是由自然選擇驅動的，自然選擇會導致物種在適應環境的過程中發生變化。一個著名的例子是樺尺蛾。樺尺蛾有淺色的，也有黑色的。在 19 世紀初期，英國城鎮中的大多數樺尺蛾都是淺色的，因此它們在樹皮上休息時不容易被鳥類發現。然而，到了 19 世紀末期，大多數樺尺蛾都是黑色的，這是因為工廠產生的煙塵使樹木變黑。淺色的樺尺蛾更容易被鳥類捕捉，而黑色的樺尺蛾不容易被發現，因此贏得了生存的競爭，從而改變了物種。

淺色的樺尺蛾在普通樹皮上不容易被發現。

黑色的樺尺蛾在烏黑的樹上不容易被發現。

逐漸適應

達爾文發現，他在加拉帕戈斯羣島收集的雀類與附近南美洲的雀類物種相似。然而，羣島的每座島上的雀類的喙都略有不同。在每座島上，自然選擇都偏愛長着最適合當地飲食的喙的雀類。那些雀類將它們的特徵傳給下一代，這個過程不斷重複。隨着時間發展，每個種羣都逐漸適應了不同的飲食，進化出一種獨特的喙。

擅長探取的喙便於從花中叼出種籽。

鈎狀喙便於破開柔軟的果實和芽。

原始祖先

細長的喙是挖掘幼蟲的理想選擇。

鋒利而細長的喙有助於吃昆蟲。

強而有力的喙可以叼着棍子撬樹皮來尋找下面的昆蟲。

新物種是如何形成的

達爾文乘坐英國皇家海軍小獵犬號艦航行到了偏遠的島嶼，在那裏他發現了其他地方所沒有的物種。他發現，如果一個種羣被分開後變成不能再相互交配的數個孤立羣體，新物種就有可能形成。隨着時間發展，自然選擇的進化過程逐漸以不同的方式改變了各個羣體，直到它們變得非常不同，無法與其他羣體交配繁殖，最終成為不同的物種。

你知道嗎？

人類進化

達爾文提出了一個令許多人震驚的說法：人類的進化方式與其他物種相同，並且可能與猿有關。這個觀點與當時基督教徒認為神以自己的形象創造了人的觀念起了衝突。

孤立的兩個種羣最終進化成兩個不同的物種。

再次混合後，這兩個物種仍然保持不同。

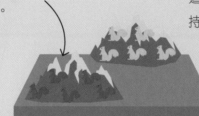

1 一羣松鼠分佈在一個大陸上，它們之間可以交配，這意味着它們形成了一個物種。

2 海平面上升使山區變成兩座孤島。現在兩個羣體開始以不同的方式進化。

3 海平面下降，讓兩個松鼠羣體重新混雜在一起。然而，它們現在已經非常不同，無法交配繁殖，它們已成為兩個不同的物種。

真實世界

求偶表演

數種鳥類的雄性有精心設計的求偶表演，包括跳舞和展示五顏六色的羽毛來吸引雌性伴侶。雌性總是選擇表演得最好的雄性。經過數代，這種自然選擇形式使雄性變得越來越引人注目，它們的舞蹈也變得越來越複雜。

傑出的生物學家

自古以來，世界各地的思想家們都提出了一些理論來解釋生物的生活方式和行為方式。多虧了新技術，例如顯微鏡的發明，以及好奇的科學家們的研究，我們對從人體如何運作到蜜蜂如何交流等方面的理解有了突飛猛進的發展。

妙聞

印度醫師妙聞（Sushruta）編寫的《妙聞集》是已知最早的醫學著作之一，書中描述了 1,100 多種疾病和植物的 960 種醫藥用途。妙聞還是外科醫生的先驅，開發了做手術的方法，例如拔牙和去除白內障。白內障是眼睛晶狀體混濁的疾病。

公元前 4 世紀

約公元前 1500 年

公元前 6 世紀

髒藥

在古埃及，醫生為患病和受傷的人用上各種不同尋常的方法治療。用糞便製成的藥膏是流行的治療方法。雖然這聽起來可能令人反感，但是我們現在知道有些類型的糞便含有有用的細菌，可以殺死有害的微生物。

生物學創始人

希臘哲學家亞里士多德（Aristotle）是首位嘗試對生物進行分類的人，他把動物分為有血的和沒有血的。通過觀察活動物和解剖死動物，他是最早認識到動物有同類型器官的人之一。

顯微鏡下

荷蘭父子團隊漢斯和撒迦利亞・詹森（Hans and Zacharias Janssen）將兩片放大鏡放入一支管中，發明了第一支複合顯微鏡，也就是具有多個透鏡的顯微鏡。當他們透過複合顯微鏡觀看時，另一端的物體看起來大了 9 倍。

你知道嗎？

「生物學」一詞的來源

據稱，英國醫生托馬斯・貝多斯（Thomas Beddoes）是首位在他 1799 年出版的醫學書籍中，使用現代意義上的 "biology"（生物學）一詞的人，這個詞語的意思是「對生物的研究」。

發現細胞

英國科學家羅伯特・胡克（Robert Hooke）在複合顯微鏡下將光線照射到很薄的軟木塞上時，首次發現了細胞。每個小細胞看起來都像一個有牆的房間，所以胡克以拉丁語 "cellula"（修道院中的小房間）來命名細胞。

公元 1025 年

16 世紀 90 年

1665年

1735年

醫療傑作

波斯學者伊本・西那（Ibn Sina 也被稱為「阿維森納」（Avicenna）的《醫典》是有史以來最重要的醫學教科書之一。這本書匯集了來自古代和伊斯蘭世界的醫學知識，在伊本・西那去世後長達幾個世紀內，一直為醫生們所使用。

新分類系統

瑞典植物學家和動物學家卡爾・林奈（Carl Linnaeus）對當時的科學家們命名植物的混亂方式感到煩惱，因此設計了一個合乎科學的、有條理的系統來對自然世界進行分類。林奈將所有生物分為兩個界（動物界和植物界），然後再將每個界細分為更多的類別。他的系統後來發展成了我們今天使用的生物分類學。

血型

奧地利生物學家卡爾·蘭德斯坦納（Karl Landsteiner）想知道為甚麼有些人捐獻的血能使輸血成功，而有些人捐獻的血則是致命的。

蘭德斯坦納發現人類的血液至少分為三種主要類型（A型、B型和O型）。一年後，他發現了第四種類型（AB型）。為了使輸血成功，患者的血型必須與捐獻者的血型相匹配。這一發現挽救了無數人的生命。

有些人需要服用維生素片作為他們飲食的補充。

重要維生素

在研究腳氣病時，波蘭生物化學家卡西米爾·馮克（Casimir Funk）發現，這種疾病以及壞血病等危及生命的疾病是由於飲食中缺乏保持身體健康的重要物質所致，他將這些物質稱為 "vital amines"（維持生命所必需的胺），後來縮寫為 "vitamins"（維生素）。

1809年　1839年　1901年　1912年

細胞理論

到目前為止，人們已經通過放大率更高的顯微鏡看到了許多生物標本的細胞。德國科學家托馬斯·施旺（Thomas Schwann）和馬蒂亞斯·施萊登（Matthias Schleiden）提出了一個理論：所有生物都是由細胞構成的，細胞是生命的基本單位。

關於進化的想法

法國生物學家讓-巴蒂斯特·拉馬克（Jean-Baptiste Lamarck）在查爾斯·達爾文之前就提出過一個進化理論。拉馬克認為，生物會採用新的特徵來適應環境，並且將最有用的特徵傳給後代。我們現在知道拉馬克的理論過於簡單，生物並不以這種方式遺傳特徵。

你知道嗎？

樹木萬維網

樹木在地下秘密交談，它們通過真菌網絡進行交流，共享資源，並且傳播有關昆蟲侵擾等危險的信息。這個共享網絡被戲稱為 "Wood Wide Web"（樹木萬維網）。

拉馬克認為，長頸鹿的長脖子就是它經常吃高處的樹葉的結果。

搖擺舞

奧地利科學家卡爾・馮・弗里希（Karl von Frisch）發現，當蜜蜂找到食物時，它們會跳舞，告訴蜂巢中的其他蜜蜂在哪裏可以找到食物。蜜蜂的舞蹈表示食物的距離，以及相對於太陽的方向，節省了其他蜜蜂尋找食物所花費的時間和精力。科學家們利用這一發現來更好地了解蜜蜂和其他動物如何在大羣體中進行交流。

多莉

科學家們成功地用成年綿羊細胞克隆了一隻綿羊，也就是說創造出了一隻基因和原來的動物一樣的副本。克隆技術可以幫助治療疾病，甚至有一天可以用來使已經滅絕的物種重生，但是有些人認為這樣做會違背自然的運作方式。

蜜蜂的搖擺舞是 8 字形的。

1916年　1967年　1972年　1996年　2009年

抵抗麻風病

麻風病是一種由細菌引起的傳染性、疼痛性疾病，有時還會毀容，在 20 世紀初期被認為是幾乎無法治癒的。年僅 24 歲的非裔美國化學家愛麗絲・鮑爾（Alice Ball）首創了一種有效的治療方法，一直到 1940 年代抗生素問世之前，她的方法是對付麻風病的最好方法。可惜的是，鮑爾在首創這個療法後不久就去世了，她的貢獻在當時沒有得到應有的認可。

機械手

派鮑洛・佩特魯茲羅（Pierpaolo Petruzziello）在車禍中失去前臂。三年後，他成為第一位能夠僅用腦部來控制機械手的人。意大利的科學家們用電極將機械手的電子系統和他的神經系統連接起來。佩特魯茲羅學會了感受機械手的感覺、彎曲手指，甚至抓住物體。

治療瘧疾

於越戰期間，中國藥學家屠呦呦和她的團隊被委派尋找治療北越軍隊中的瘧疾的方法。在研究過程中，他們測試了數千種中藥療法，終於確定了一種基於黃花蒿提取物的真正有效療法。她發現的藥物青蒿素後來繼續挽救了無數人的生命。

物理學

有甚麼用？

　　如果我們不了解物理學，許多我們今天認為理所當然的技術就不可能產生，我們就不會有飛機和智能手機，我們甚至不能用電。物理學解決了一些最基本的問題，例如是甚麼使物體向下掉落而不是向上掉落，以及光和聲音的原理。物理學家們甚至認為有一天他們可能會解開宇宙的終極奧秘：為甚麼一切會存在？

為甚麼我們需要物理學？

你想知道世界是如何運作的嗎？物理學就是一個很好的開始！
物理學研究的是所有事物的本質，它是最古老的學科，也是所有其他
科學學科的基礎。早期的物理學家們只是簡單地質疑為甚麼宇宙會
這樣運作，並且試圖找到了解它的方法。這種好奇心仍然是物理學
研究中最重要的部分，並且繼續在許多不同領域中帶來巨大的發現。

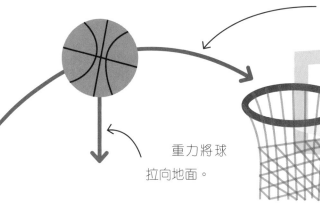

球的速度和
運動方向使球飛
向籃筐。

力將能量從一個
物體（球員）轉移到
另一個物體（球）。

重力將球
拉向地面。

球員需要以適當的力量和方向
將球向上投入籃筐得分。

甚麼是物理學？

"Physics"（物理學）一詞來自古希臘語中的「自
然」（nature）一詞，這也說明了物理學是研究宇宙本
質及其運作方式的學科。物理學研究物質、能量、空
間和時間等。即使是最簡單的事情，比如投擲籃球，
也有物理定律在起作用，包括運動中的能量和力，以
及球在空中的弧線軌跡。

原子有甚麼用？

我們在宇宙中看到的一切，從微小的螞蟻到爆炸的恆星，都是由原子構成的。原子是物質的基本組成單位。"atom"（原子）一詞來自古希臘語，意為「不可分割的」，這是因為古希臘人認為原子不能被分割。我們現在知道原子是由許多更小的部分構成的，我們稱它們為「次原子粒子」，它們是位於原子中心（我們稱之為「原子核」）的質子和中子，以及圍繞原子核旋轉的電子。

電子在軌道上圍繞原子核運動。

電子攜帶負電荷。

質子（藍色）帶正電荷。中子（紅色）不帶電。

日常生活中的 物理學

我們周圍幾乎一切事物都涉及物理學。事實上，我們很難發現與物理學無關的東西。許多日常事物都由電力驅動，聰明的物理學家們早就學會了利用電力。計算機、電視和收音機接收不可見的電磁波信號，這是物理學的另一個重要領域。

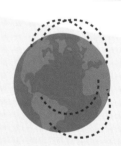

挖掘機等機器利用物理學將小力量轉化為大力量，提高了工作效率。

人類得益於物理學，將人造衛星送入地球軌道，使互聯網成為可能。

飛機利用物理定律飛入空中，保持在空中飛行而不墜落，並且安全着陸。

電池儲存電能，可用於為電路供電以使其工作。

電視利用我們從物理學中獲得的光、波和顏色的知識來運作。

是甚麼給世界提供電力？

數千年前人類就知道電。古希臘人試驗過靜電，注意到用毛皮摩擦琥珀會產生靜電。但是直到幾個世紀之後，科學家們才意識到電可以流過電線，並且以此為基礎建立了電力傳輸系統。這一發現引發了一場重塑整個世界的能源革命。

1 古埃及人從他們在尼羅河中捕獵的電鯰魚了解到電。他們使用電鯰魚的電擊來治療關節炎。

電鯰魚使用電擊暈獵物來保護自己。

2 到 18 世紀中葉，人們開始更多地了解電。美國發明家本傑明·富蘭克林（Benjamin Franklin）甚至用電來殺火雞和烤火雞！

了解科學
明亮的火花

富蘭克林的實驗證明閃電和電是有關係的。他提出電流可以像液體一樣流動，從帶正電荷區域流動到帶負電荷區域。我們現在知道事實正好相反：電流是帶負電荷的電子流，它從負電區域流向正電區域。

電是由帶正電荷的粒子和帶負電荷的粒子聚集引起的。相反的電荷相互吸引。

3 富蘭克林有一個理論：雷雨期間產生的閃電實際上是電的一種形式。他設計了一個實驗來檢驗他的理論。

富蘭克林意識到閃電是巨大的電火花。

風箏上的一根電線吸引電。

富蘭克林將電收集到萊頓瓶中。萊頓瓶是一種早期的電池。

4 在一個雷雨的日子裏，他放了一隻風箏，把鑰匙繫在繩端。當他去觸摸鑰匙時，火花閃過，這證明他的理論是正確的。

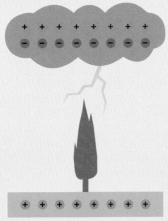

雷雨

在雷雨期間，負電荷積聚在雲的底部，正電荷積聚在地面，它們相互吸引，從而產生強烈的放電現象。閃電是兩種電荷相互吸引的結果。

閃電導體

富蘭克林的風箏讓部分電荷順着風箏線流向地面。他很幸運，風箏沒有被閃電擊中，否則閃電會立即劈死他。

電的儲存

　　儘管富蘭克林創造了 "battery"（電池）一詞，但是第一個成功的電池是意大利發明家亞歷山德羅·伏特（Alessandro Volta）於 1800 年發明的，他的伏打電堆利用化學反應產生電荷，是第一個能夠為電路連續供電的電池。

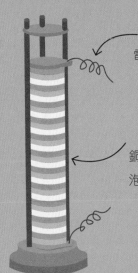

連接到電池的電線為電路供電。

第一個電池是一疊銅和鋅盤，它們之間由浸泡過鹽水的紙板隔開。

供電

　　發電站每天產生大量電力，用電纜輸送到很遠的地方。電力一旦離開發電站，變壓器就會增加電壓（「升壓」）來減少傳輸中的能量損失。電壓是使電荷移動的力。電壓隨後會被降低（「降壓」），使電在家居中安全使用。

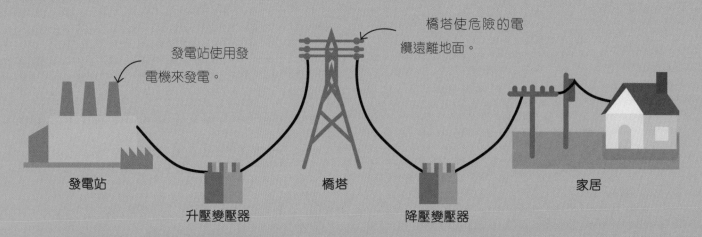

發電站使用發電機來發電。

橋塔使危險的電纜遠離地面。

發電站　　　升壓變壓器　　　橋塔　　　降壓變壓器　　　家居

真實世界

奇妙的風力發電

　　世界上大部分電力是利用燃燒化石燃料產生的，但是許多國家現在正在轉向更環保的能源，例如風能和太陽能。

家居用電

像富蘭克林這樣的早期創新者們努力尋找電力的實際用途，盡管過程很艱難，但是電力最終改變了整個世界。從烤麵包機和電熱水壺，到冰箱和電話，我們日常使用的許多設備都是由電力驅動的。很難想像沒有電力的世界會變成怎樣。

試試看

靜電

將氣球與套頭衫和頭髮相互摩擦，套頭衫和頭髮上的電子就會轉移到氣球的橡膠上，因此使氣球帶負電。然後拿起一張紙靠近帶靜電的氣球，或者將帶靜電的氣球移近一個空飲料罐，看看會發生甚麼。

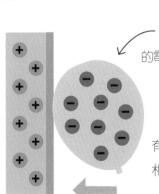

氣球和牆壁帶相反的電荷，因此相互吸引。

這兩個氣球具有相同的電荷，因此相互排斥。

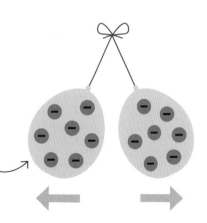

帶靜電的氣球會神奇地黏在牆上！這是因為氣球上的負電荷排斥牆上的負電子，使牆的表面帶正電荷。

正如相反的電荷相互吸引一樣，相同的電荷則相互排斥，也就是相互推開。如果並排懸掛兩個帶靜電的氣球，它們上面的負電荷就會相互排斥，使它們分開。

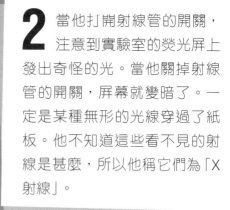

1 威廉‧倫琴正在用一支陰極射線管進行實驗。這種玻璃管在通電時會產生一束電子，稱為「陰極射線」。倫琴想暫時擋住射線管發出的射線，所以他用硬紙板把射線管口蓋住，使陰極射線不能射出。

2 當他打開射線管的開關，注意到實驗室的熒光屏上發出奇怪的光。當他關掉射線管的開關，屏幕就變暗了。一定是某種無形的光線穿過了紙板。他不知道這些看不見的射線是甚麼，所以他稱它們為「X射線」。

如何獲得 X 射線照片？

1895 年，德國物理學家威廉‧倫琴（Wilhelm Röntgen）偶然地發現了 X 射線。今天，在世界各地的醫院和牙科手術中每年使用 X 射線超過 1 億次。X 射線與無線電波和光一樣，是一種稱為「電磁輻射」的能量形式，它比大多數其他類型的電磁輻射具有更多的能量，能夠直接穿透可見光無法穿透的一些材料，包括人的肉體，因此 X 射線可以被用來觀察人體內部。

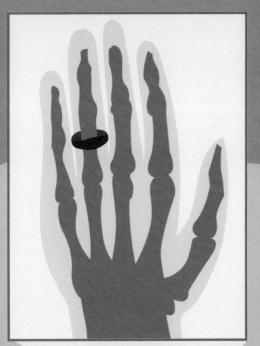

3 倫琴發現 X 射線可以穿透紙張、書籍，甚至是薄薄的金屬片。他讓他的妻子將手放在 X 射線照射的照相底片上，得到了她的手骨的影像。他的妻子看到幽靈般的影像後說道：「我親眼目睹了我的死亡。」這是世界上第一張人體 X 射線照片。

X 射線的運作原理

X 射線照片的成像方式與傳統攝影的成像方式截然不同。傳統攝影照片是由光照射到物體表面的反射光成像的，而 X 射線照片則是由穿透物體的電磁輻射成像的。X 射線照片中的白色區域是由吸收電磁輻射的致密物質（例如骨骼）產生的陰影。軟組織，例如肺或皮膚，只能吸收一部分 X 射線，因此呈灰色。黑色區域是 X 射線完全穿透的地方，這就是 X 射線非常適合顯示骨折的原因。

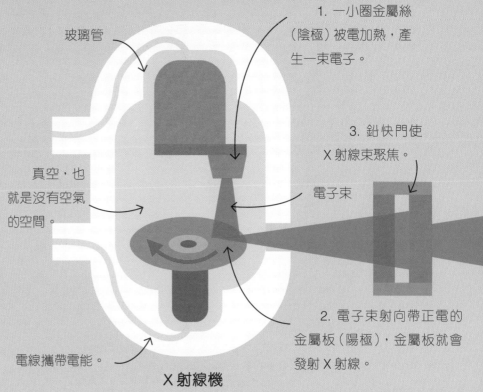

玻璃管

1. 一小圈金屬絲（陰極）被電加熱，產生一束電子。

3. 鉛快門使 X 射線束聚焦。

真空，也就是沒有空氣的空間。

電子束

電線攜帶電能。

2. 電子束射向帶正電的金屬板（陽極），金屬板就會發射 X 射線。

X 射線機

為甚麼 X 射線很重要？

X 射線有助於發現骨骼和牙齒的問題，以及了解分子的結構，也可以幫助我們捕捉恐怖分子。另外，正是由於 X 射線，科學家們發現了 DNA 的結構。DNA 是攜帶我們基因的分子。

腎臟的 CT 掃描

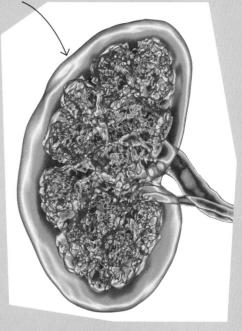

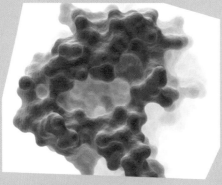

機場安檢

機場使用 X 射線掃描儀來檢查乘客的行李和身體，看他們有否攜帶危險物品和非法物品。

分子結構

當 X 射線照射晶體和其他一些固體時，會以獨特的模式散射。科學家們利用這些模式來確定材料的分子結構。

CT 掃描

CT（計算機斷層掃描）儀是一種醫療掃描儀器，它將從不同角度拍攝的大量 X 射線組合起來，以構建詳細的身體內部的三維照片。

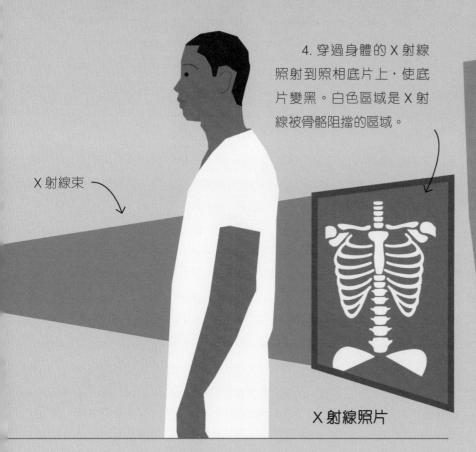

4. 穿過身體的 X 射線照射到照相底片上，使底片變黑。白色區域是 X 射線被骨骼阻擋的區域。

X 射線束

X 射線照片

太空中的 X 射線

恆星和星系不僅會發射可見光，還會發射 X 射線。對於不能完全用可見光觀察到的物體，例如黑洞和恆星爆炸後的殘骸，天文學家們使用 X 射線望遠鏡來觀察和研究它們。

試試看

陰影實驗

X 射線類似於可見光，但是由於具有更多能量，因此可以更容易地穿透物體。要了解它的原理，你只需要一支手電筒和一個黑暗的房間。

首先，打開手電筒，站在光束中。所有照射到你身體上的光都被你的身體吸收和反射，從而投下陰影。這就是 X 射線產生骨骼等致密物質的照片的原因。

接下來，將手放在光線上。你的手會吸收大部分光，但是也有一些光會穿透，可能會使你的皮膚發亮。X 射線比可見光具有更多能量，因此更容易穿透軟組織。

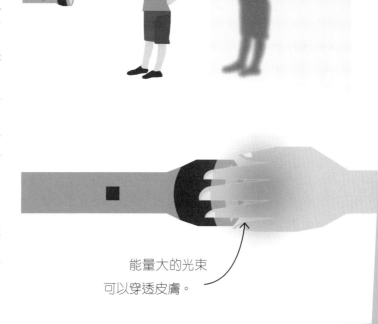

能量大的光束可以穿透皮膚。

1 從前，航行中的船舶必須依靠人的視力來發現冰山，但是在夜間很難看到這些危險的漂浮冰山。就在1912年4月14日午夜之前，泰坦尼克號遊輪撞上冰山沉沒了，造成 1,500 多人死亡。

如何發現潛艇

1912 年泰坦尼克號遊輪碰撞冰山沉沒後，科學家們開始研究探測隱藏在水下的障礙物的方法。兩年後，第一次世界大戰爆發，潛艇戰的新威脅使這個問題變得更加緊迫。解決方法是借用大自然中的一個巧妙技能，用聲音而不是光來「看」。這個技術被稱為「聲納」。

潛艇襲擊了運送食物和其他家庭必需品的商船。

2 1914 年，德國潛艇開始攻擊穿越大西洋的盟軍（英國、美國、法國等）商船，使海上航行變得更加危險。

了解科學

用聲音看

蝙蝠和海豚使用一種自然的聲納，稱為「回聲定位」或「生物聲納」，在黑暗中或渾濁的水中捕食獵物。它們發出一連串高頻咔嗒聲，並且聆聽回聲，然後在大腦中用回聲構建獵物所在位置的圖像。

海豚每秒發出高達 600 次咔嗒聲。

回聲返回所需的時間告訴海豚獵物的距離。

聲波以回聲的形式從獵物身上反射。回聲的方向揭示了獵物的方向。

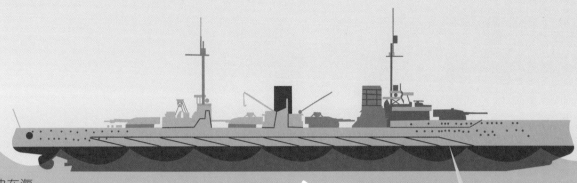

聲波在海水中以每小時5,400公里的速度傳播。

3 到 1939 年第二次世界大戰爆發時，盟軍的科學家們找到了解決方法。他們為軍艦配備了向水中發送高頻聲束的裝置。聲波從敵方潛艇上反射，並且返回船上的接收器。

4 軍艦控制室的設備利用返回的聲波信息計算潛艇的確切位置，這使艦隊人員能夠計算在哪裏投放「深水炸彈」，也就是只有下沉到特定深度時才會爆炸的炸彈。從此軍艦有了反擊德國潛艇的方法。

蝙蝠可以「看見」獵物移動的速度和方向，這是因為移動的目標會改變反射聲音的波長。軍艦中的聲納裝置使用相同的原理來計算目標的位置、速度和方向。

飛向蝙蝠的飛蛾壓縮反射的聲波，從而使回聲的頻率升高。

飛離蝙蝠的飛蛾拉伸反射的聲波，從而使回聲的頻率降低。

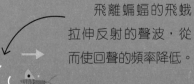

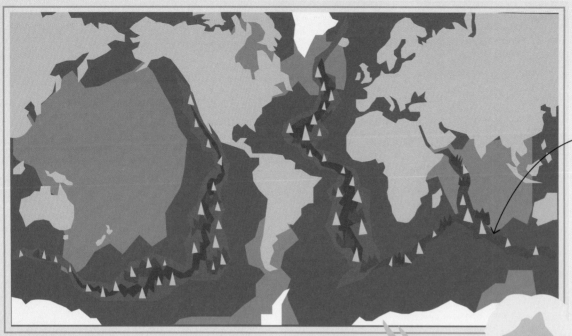

中洋脊系統是世界上最長的山脈。

海底山脈

　　科學家們將聲納從船上向下瞄準，發現可以測量海洋的深度，這導致了一個驚人的發現。美國科學家瑪麗・撒普（Marie Tharp）在 1950 年代發現了一條貫穿地球海洋的隱藏山脈。這一發現幫助證實了一個新理論，即地殼被分裂為移動板塊，在主要板塊之間的邊界上產生了山脈。

聲納與海洋生物

　　今天，漁船使用聲納來決定在哪裏撒網。科學家們還使用聲納來監測魚羣，確保種羣不會因為過度捕撈而減少。但是聲納可能對某些海洋動物有害，例如海豚和鯨魚。

魚探聲納儀用於探測魚羣。

有些科學家認為，船上的聲納會嚇到海豚和鯨魚，並且削弱它們尋找獵物的能力。

雷達

　　在地面上，人們用雷達系統來探測物體，這種系統類似於用於水下的聲納系統。雷達使用無線電波，而無線電波以光速傳播，可以比聲波傳播得更遠。機場的空中交通管制系統使用雷達來監控每架起飛和降落的飛機，協調航班以防止碰撞。

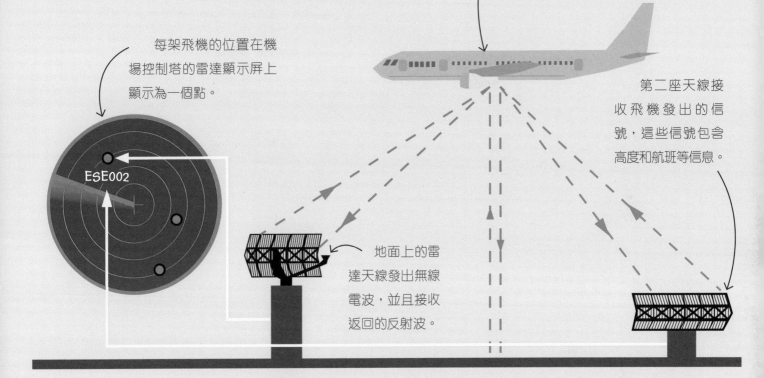

飛機上的雷達設備通過從地面反射的雷達信號來測量自己的高度。

每架飛機的位置在機場控制塔的雷達顯示屏上顯示為一個點。

ESE002

第二座天線接收飛機發出的信號，這些信號包含高度和航班等信息。

地面上的雷達天線發出無線電波，並且接收返回的反射波。

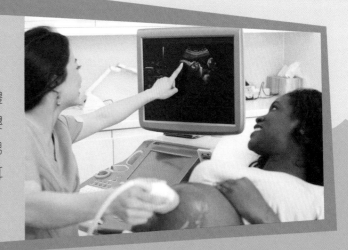

真實世界

超聲波掃描

　　超聲波掃描儀是一種利用回聲觀察人體內部的儀器。醫生使用超聲波掃描來檢查嬰兒在母體內的發育情況，以及查看嬰兒是男孩還是女孩。超聲波掃描儀利用的是我們耳朵聽不到的超高頻聲波。

了不起的 物理學家

很久以前，人們就在日常生活中利用物理學的原理製造簡單的器具，例如利用重力的提升工具。聰明的物理學家們讓我們更深入地了解事物的運作方式，包括能量、運動、光和聲音。今天，隨着科學家們解決關於空間和時間那些令人難以置信的問題，物理學的研究領域變得越來越寬。

古代原子

古代思想家提出的理論影響了我們今天對原子的理解。印度哲學家加納達（Kanada）提出，所有物質都是由堅不可摧的粒子以不同方式組合起來形成的。希臘哲學家德謨克里特斯（Democritus）也有類似的想法，認為這些粒子是不可分割的，他用希臘語將它們稱為 "atomos"（原子），意思是「不可切割的」。

加納達　　　　德謨克里特斯

約公元前 2000 年　　公元前 4 世紀　　約公元前 200 年

早期的槓桿

槓桿是利用物理原理使舉重更容易的簡單機器。古代美索不達米亞人和埃及人使用一種稱為「汲水吊桿」的裝置從河流中提水來灌溉田地。今天有些農村仍然使用這種機器。

最早的指南針

古代中國人用天然磁石開發了指南針，他們將磁石雕刻成勺子形狀，然後將它放置在青銅盤上。當青銅盤移動時，磁石勺子會旋轉，但是勺柄總是指向南方。

農夫將繩子向下拉，將水桶放入水井中。

當農夫鬆開繩子後，配重就會將裝滿水的桶提上來。

盤上刻着八個方位。

磁石

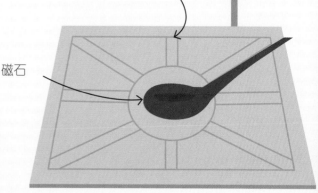

了解視覺

阿拉伯學者海什木（Hasan Ibn al-Haytham）改變了我們對光和視覺的理解。自古以來，學者們都認為我們看見物體是因為我們的眼睛會發光。海什木解釋了光線是如何從物體反射到眼睛中的，然後眼睛會形成物體的圖像。他還進而解釋了陰影、日食和彩虹。

科學革命

在歐洲，古希臘的思想往往支配着人們對世界的看法。1540 年代，學者們開始質疑這些舊觀念，並且根據觀察和實驗提出對世界的新看法。我們現在稱這個時期為「科學革命」時期。

17 世紀 70 年代

1021年　1589年

墜落的物體

意大利天文學家和數學家伽利略‧伽利雷（Galileo Galilei）是最早用實驗驗證他的理論的科學家之一。亞里士多德認為，如果物體從高處墜落，重的物體會比輕的物體下落得快。伽利略不同意這個觀點，認為物體下落的速度與它的重量無關。他設計了一個實驗，讓兩個不同重量的球從著名的比薩斜塔上墜落下來。伽利略的理論被證明是正確的。

在伽利略的實驗中，兩個球同時到達地面。

牛頓的蘋果

當艾薩克‧牛頓（Isaac Newton）看到一個蘋果從他祖母的果園裏的樹上掉下來時，他想知道為甚麼它總是掉到地上，而不是掉到天空中或側方。他的思想使人們對引力，以及天空中的行星和衞星如何在引力下按軌道運行，有了更深入的了解。

光波

自古以來，科學家們就對光的兩種理論爭論不休。英國科學家艾薩克·牛頓認為光是由微小粒子流構成的，而荷蘭科學家克里斯蒂安·惠更斯（Christiaan Huygens）不同意，他認為光是以波的形式傳播的，就像水面上的漣漪一樣。事實上，這兩位科學家都是正確的，這是因為我們現在知道光的行為既像粒子又像波。

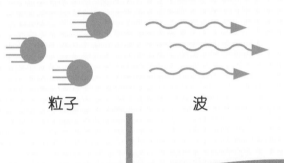

粒子　　　　　　波

相對論

阿爾伯特·愛因斯坦（Albert Einstein）的工作改變了我們對宇宙的理解，他的著名方程 $E=mc^2$ 表明，質量（mc^2）可以轉化為能量（E），反過來，能量也可以轉化為質量。後來，愛因斯坦解釋了光、時間和空間如何受引力影響。他的理論給科學家們了解和探索黑洞、大爆炸等神秘現象提供了理論基礎。

1687年　　　　1831年　　　　1905–1917年

你知道嗎？

光速

1676 年，丹麥天文學家奧勒·羅默（Ole Rømer）在研究了木星的衛星木衛一的衛星蝕後，推翻了幾個世紀以來的想法，證明了光速不是無限的，而是有限的。科學家們又花了 300 年的時間才就光的精確速度達成共識，即每秒近 300,000 公里。

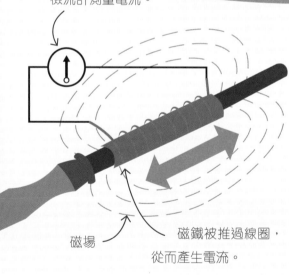

檢流計測量電流。

磁場　　　磁鐵被推過線圈，從而產生電流。

電磁學

英國科學家邁克爾·法拉第（Michael Faraday）奠定了電和磁鐵之間的重要聯繫。他發現，將磁鐵推入纏繞着線圈的管子中時，就會產生電流。法拉第發明了第一台發電機。今天，為我們的家居提供的電力就是來自法拉第所發明的發電機。

核裂變

德國物理學家莉澤・邁特納（Lise Meitner）和奧托・弗里施（Otto Frisch）在研究鈾元素時，發現鈾原子核可以被分裂成更小的原子核，而且分裂的時候會釋放大量的能量。這個過程被稱為「核裂變」，後來被用作核能發電，也導致了原子彈的產生。

大型強子對撞機是一個環形磁鐵隧道，總長27公里。

萬物理論

為了模擬大爆炸的條件，科學家們在法國和瑞士交界處建造了世界上最大的機器「大型強子對撞機」。大爆炸是一場被認為產生了目前的宇宙的巨大爆炸。在這座機器的內部，稱為「強子」的微小粒子以近光速撞擊在一起。科學家們希望通過大型強子對撞機的實驗，有一天能夠完全解釋宇宙中所有已知的物理現象，也就是得到一個包羅萬象的總體理論：萬物理論。

1911年　**1938年**　　**2008年**　**2019年**

原子核

自古以來，科學家們就認為原子是物質的最小單位，無法被進一步分解。後來，出生於新西蘭的英國物理學家歐內斯特・盧瑟福（Ernest Rutherford）和他的同事們發現，原子內部有更小的帶電粒子：帶負電的電子，以及在核心處一個被非常強大的強力束縛的微小原子核。後來的研究表明，原子核也可以被進一步分解。

黑洞

愛因斯坦的理論使科學家們確定了黑洞的存在。黑洞是一個引力極端強大的空間區域，任何東西，甚至光，都無法逃離這個區域。美國計算機科學家凱蒂・布曼（Katie Bouman）開發了一個計算機程式，用來拍攝了有史以來第一張黑洞照片。

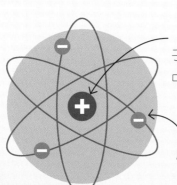

盧瑟福發現了原子核，也就是原子的中心。

電子圍繞原子核運行。

盧瑟福的原子模型

化學有甚麼用？

　　化學研究物質是由甚麼構成的，以及各種物質如何以不同的方式組合來產生新的物質。化學研究的最基本單位是原子。現代化學家們用他們的化學知識在許多方面改善了我們的生活，包括製造藥物以維持我們的健康，以及改善我們的耕作方法來幫助我們生產足夠的食物。

為甚麼我們需要化學？

原子、化學反應和物質的狀態變化是化學的核心所在。化學着眼於各種物質是由甚麼構成的，以及它們在不同條件下的狀態，例如，當它們組合或分離時，或者當它們被加熱或被冷卻時，會發生甚麼？化學對日常生活極其重要，它幫助我們給汽車和飛機製造燃料，並且使我們的食物味道更好而且保質期更長。

甚麼是化學？

化學是研究物質的特性和結構的學科。所有物質都包含原子，而原子的排列方式決定了物質的特性。化學就像烹飪一樣，加熱或冷卻不同的成份會產生不同的菜餚，而有些成分，例如水，以不同的狀態（固體、液體或氣體）存在。

真實世界

天空中的光

等離子體是一種帶電荷的氣體。當來自太陽的等離子體撞擊地球的高層大氣時，就會在天空中產生美麗的北極光和南極光。

在氣體（例如蒸汽）中，分子之間間隔很遠，分子也移動得很快，這就是氣體沒有固定形狀的原因。

沸水使水分子運動得更快，一部分分子因此會變成蒸汽。

把水冷凍會將它變成固態水，也就是冰。在固體中，物質的分子緊密地結合在一起，並且保持它們的相對位置，因而具有固定形狀。

液態水中的分子可以自由移動，這就是它們容易流動的原因。

改變溫度會改變物質的狀態。

日常生活中的化學

化學創造了許多對我們日常生活中非常有用的新物質，也讓我們了解生命的運作方式。事實上，正是我們體內的化學反應，例如消化食物和為肌肉提供動力，幫助我們維持生命的活力。

化學物質混合在一起會發生甚麼？了解這一點，可以幫助科學家們開發有效的新藥。

化學家們會研究不同材料的特性，例如它們的硬度。鑽石是地球上最堅硬的天然物質。

塑料是一個多世紀前在實驗室中發明的。塑料由原油和天然氣等天然材料製成。

充滿氦氣的派對氣球會漂浮起來，是因為氦氣比空氣中的兩種主要氣體氮氣和氧氣輕得多。

火是一種化學反應，撲滅火也是一種化學反應。當水遇到火時，它會沸騰並且變成蒸汽，蒸汽會漂浮並且帶走熱量。

元素有甚麼用？

元素是單一類型的原子。科學家們一共發現了 118 種元素，每種元素都有自己的特性。當一種元素的原子或多種元素的原子結合在一起時，它們會形成分子。

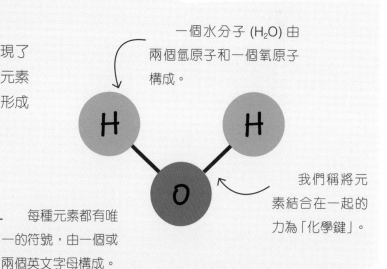

一個水分子 (H_2O) 由兩個氫原子和一個氧原子構成。

我們稱將元素結合在一起的力為「化學鍵」。

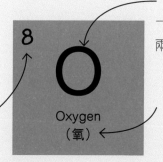

每種元素都有唯一的符號，由一個或兩個英文字母構成。

每個元素都有自己的原子序數，也就是原子核中質子的數量。

這種元素的全名

8
O
Oxygen
（氧）

1 在古埃及，醫生有時會在手術前對患者手臂或腿部的動脈施加壓力，使患者的肢體麻木，因此感覺不到疼痛。在 18 世紀的歐洲，有些醫生嘗試使用催眠術來使患者放鬆，但是收效甚微。

2 在 19 世紀之前，外科醫生在給患者進行手術時，患者是清醒的，所以外科醫生在盡可能快速度地做手術時，常常不得不按住患者，以阻止他們作出反應。在很多情況下，這種方法造成的傷害比患者原來的疾病還要糟糕！

如何止痛

　　在 19 世紀之前，外科手術通常是一個可怕而痛苦的過程。當醫生和外科醫生砍掉患者的四肢或縫合他們的傷口時，嘗試了各種方法來分散患者對手術造成的痛苦的注意力。後來，在 19 世紀初期，科學家們開始試驗讓患者吸入不同氣體以使他們失去知覺的效果。這是一項醫學突破，為患者提供了緩解，並且使醫生和外科醫生能夠專注於完成手術。

3 1846 年，一位名叫威廉·莫頓（William Morton）的美國牙醫在外科手術前給患者吸入一種名為「乙醚」的麻醉氣體，讓患者入睡，使外科醫生能夠將患者脖子上的部分腫瘤切除。手術後患者醒來，覺得脖子只有輕微的疼痛。乙醚取得了成功，麻醉劑的使用很快成為外科手術的常規手段。

4 今天，我們有多種麻醉劑可用。專科麻醉師在手術期間對患者進行監測，並且制定計劃，使得在麻醉藥效果過去以後的疼痛可降至最低。

甚麼是疼痛?

疼痛是我們身體出現問題時警告系統發出的信號。我們受傷時,我們身體中稱為「痛覺感受器」的特殊神經細胞中會感受到,然後釋放一種化學物質,通過我們的神經系統向我們的大腦發送信息,告訴我們需要做些甚麼來停止疼痛。

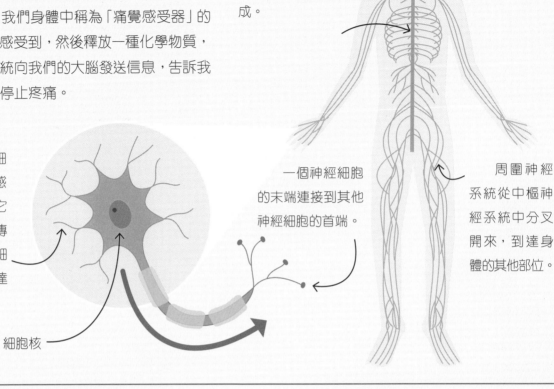

中樞神經系統由腦和脊髓構成。

當一個神經細胞接收到疼痛感覺時,它會沿着它的細胞體將信號傳遞到下一個神經細胞,直到信號到達中樞神經系統。

細胞核

一個神經細胞的末端連接到其他神經細胞的首端。

周圍神經系統從中樞神經系統中分叉開來,到達身體的其他部位。

麻醉劑的運作原理

如今,麻醉劑可用於使患者身體的某個部位麻木(稱為「局部麻醉劑」),也可以讓患者在一定時間內全身失去知覺(稱為「全身麻醉劑」)。麻醉劑消退後,神經信號就能到達患者的腦部,患者就會恢復意識和感覺。

通常,腦的各個區域通過來回發送信號來相互「交談」。

局部麻醉劑會阻斷疼痛信號的路徑,因此疼痛信號不會被傳遠。

全身麻醉會減慢大腦各部分信息交流的速度。

神經細胞

疼痛信號

疼痛信號進入下一個神經細胞。

不用麻醉劑　　**用麻醉劑**

局部麻醉劑

一個神經細胞和另一個神經細胞之間有一個小間隙,疼痛信號必須穿過這個小間隙才能被傳輸。局部麻醉劑阻斷這樣的傳輸通道。

不用麻醉劑　　**用麻醉劑**

全身麻醉劑

患者在全身麻醉下失去所有意識。科學家們並不完全理解它為甚麼起作用,但是它可能與平息腦信號有關。

手術期間會發生甚麼？

麻醉師是專門為患者提供麻醉劑的醫生。他們為患者量身定制麻醉劑的劑量，使患者失去知覺並且在手術過程中不會醒來。在全身麻醉期間，麻醉師就在患者身邊，監視患者的心率、氧氣水平和其他生命體徵是否正常。

患者的腦部會平靜下來，並且停止對疼痛信號作出反應。當患者醒來時，會覺得自己好像只是在片刻之前才睡着。

全身麻醉劑中含有肌肉鬆弛劑，會使患者的肌肉完全放鬆，因此不會對手術中的感覺作出反應。

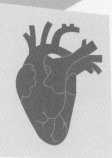

患者的心率會受到監控，以確保心率保持恆定並且血液以正常的速度流動。

看牙醫

牙醫可以給患者全身麻醉或局部麻醉，這取決於患者所需要的治療，但是他們也可以給患者吸一點「笑氣」。笑氣的化學成分是一氧化二氮，可以讓大多數人感到更放鬆，有時甚至有點傻！

牙醫可能會在治療前將局部麻醉劑注入患者的牙齦。

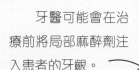

「笑氣」在牙科中的用法通常是吸入鎮痛，以便牙醫對患者的牙齒進行治療。

真實世界

活得更久

麻醉劑是徹底改變醫療保健的重大改進之一。現在，能夠獲得良好醫療保健的人可以預期活到 80 歲或以上，並且有很高的生活質量。

你會煉金嗎？

1,000 多年來，古代的學者們一直在尋找「哲人之石」，也就是一種能夠將不值錢的金屬轉化為貴重黃金的神秘物質。他們失敗了，但是他們的努力沒有白費。波斯科學家賈比爾·伊本·哈揚（Jabir ibn Hayyan）在尋求黃金的過程中，發明了許多巧妙的設備和工藝，至今仍在實驗室中被使用。

哈揚認為通過結合硫和汞，就可以製造任何金屬，甚至是黃金。

1 幾個世紀以來，煉金術士們，也就是相信魔法的早期科學家們，試圖將鉛等便宜金屬轉化為金和銀等貴金屬。他們不知道這是不可能的。

2 與早期的學者們不同，哈揚認為答案在於做實驗。他無休止地進行實驗，發現了新化學物質，發明了新技術，並且仔細記錄了所有結果。

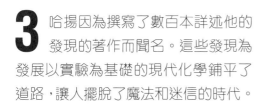

3 哈揚因為撰寫了數百本詳述他的發現的著作而聞名。這些發現為發展以實驗為基礎的現代化學鋪平了道路，讓人擺脫了魔法和迷信的時代。

蒸餾瓶用於通過加熱來分離兩種不同沸點的液體的混合物。

哈揚發明了 20 種化學實驗室設備，並用它們開發了結晶、昇華、蒸發和蒸餾等工藝。

科學方法

哈揚通過實驗發現物質的特性，幫助科學擺脫魔法。實驗是我們現在所說的科學方法的核心，也就是科學家形成想法然後測試它們是否正確的一個循序漸進過程。沒有科學方法，我們就沒有今天的科學和知識。

真實世界

幸運的發現

科學史上有無數偶然的發現，其中一些幸運的發現挽救了很多生命並且改變了世界。這些發現純粹是靠運氣嗎？還是因為在具備天時地利的情況下遵循了科學方法？

科學方法始於一個問題。例如，為甚麼池塘的水是綠色的？

問一個問題

做背景調查

假設是可能的解釋。例如，池塘的水是綠色的，可能是因為裏面有微小的植物。

做一個假設

做實驗收集數據信息，來檢驗假設。

有時實驗會因為設備或方法錯誤而失敗。

用實驗檢驗 → **實驗的方法是否有效？**

是 —

否

仔細檢查所有步驟和設備，排除故障。

試試看

成為一名科學家

先想一個你想知道答案的問題，然後按照科學方法來看看你能否找到答案。例如，你能找到哪些物體能夠漂浮在一碗水中嗎？接下來，你能想出一個假設來預測是甚麼使這些物體漂浮嗎？

圖表可以幫助科學家們發現數據中的模式。

實驗數據成為進一步研究的背景資料。提出新問題，形成新假設，再做實驗！

分析數據並得出結論

結果支持假設

結果部分支持或完全不支持假設

優秀的科學家會詳細描寫他們的實驗，供其他科學家閱讀和重複。

發表成果

如何預測未來

　　在地球上、我們的身體中和宇宙中存在的一切，都是由稱為「原子」的微小物質單位構成的。我們知道有 118 種原子，每一種都被稱為「化學元素」。當所有元素按它們原子的大小排列時，就會形成一個重複的模式，我們將它們按照這個模式排列成一個稱為「元素週期表」的圖表。這張在 1869 年問世的元素週期表，是化學史上最偉大的突破之一。

1 到 19 世紀 60 年代，化學家們已經發現並命名了大約 60 種元素，他們甚至計算了每種元素相對於氫這種最輕元素的原子量，而天才俄羅斯化學家德米特里‧門捷列夫（Dmitri Mendeleev）發現了隱藏在這些數字中的模式。

2 門捷列夫說他是在夢中發現這個模式的。他看到元素是在一個表格中按原子量的順序從左向右排列的，而化學性質相似的元素排成豎列。

門捷列夫的夢只揭示了按原子量順序排列的少數幾個元素。

門捷列夫第一次構建元素週期表時使用破折號 (—) 表示尚未發現的元素。

3 但是按照門捷列夫假設的規律排出的週期表有空格。門捷列夫宣稱這些空格是尚未被發現的元素，並且預測了它們的性質。之後的幾年內，科學家們發現了門捷列夫預測的前三個元素，證明門捷列夫是正確的。

萬物的成分

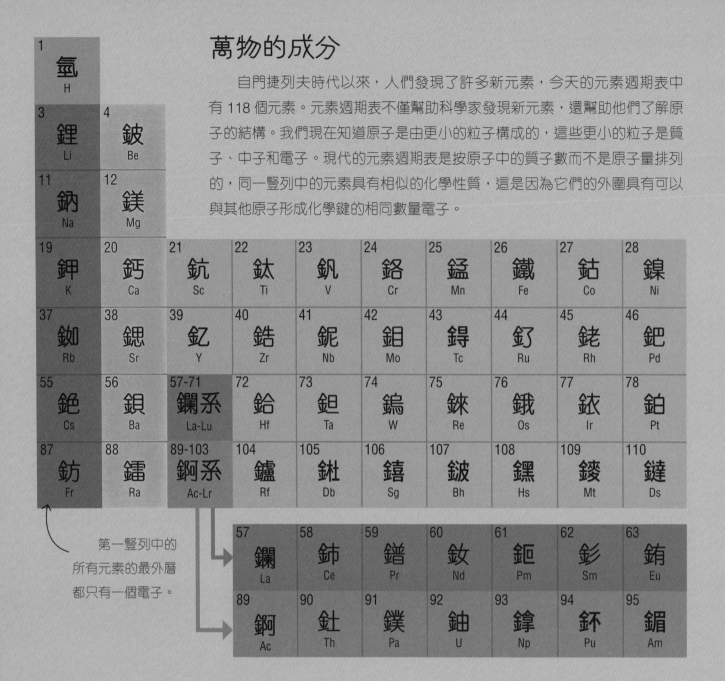

自門捷列夫時代以來，人們發現了許多新元素，今天的元素週期表中有 118 個元素。元素週期表不僅幫助科學家發現新元素，還幫助他們了解原子的結構。我們現在知道原子是由更小的粒子構成的，這些更小的粒子是質子、中子和電子。現代的元素週期表是按原子中的質子數而不是原子量排列的，同一豎列中的元素具有相似的化學性質，這是因為它們的外圍具有可以與其他原子形成化學鍵的相同數量電子。

第一豎列中的所有元素的最外層都只有一個電子。

貴金屬

金、銀和銅是自然界中以純淨形式存在的少數元素中的三種，因此這些金屬已經被使用了幾個世紀。金和銀因它們的顏色和光澤常常被用於製造首飾，而銅則是許多工具和硬幣的材料，這是因為它們易於成型和硬化。銀還可以殺死細菌，因此人們用它處理食物或儲存食物，人們甚至將銀幣投入桶裝水和牛奶中來保鮮。

今天的元素週期表中的元素按它們的原子序數（原子核中的質子數）的順序排列。

					2 氦 He
5 硼 B	6 碳 C	7 氮 N	8 氧 O	9 氟 F	10 氖 Ne
13 鋁 Al	14 硅 Si	15 磷 P	16 硫 S	17 氯 Cl	18 氬 Ar

29 銅 Cu	30 鋅 Zn	31 鎵 Ga	32 鍺 Ge	33 砷 As	34 硒 Se	35 溴 Br	36 氪 Kr
47 銀 Ag	48 鎘 Cd	49 銦 In	50 錫 Sn	51 銻 Sb	52 碲 Te	53 碘 I	54 氙 Xe
79 金 Au	80 汞 Hg	81 鉈 Tl	82 鉛 Pb	83 鉍 Bi	84 釙 Po	85 砈 At	86 氡 Rn
111 錀 Rg	112 鎶 Th	113 鉨 Nh	114 鈇 Fl	115 鏌 Mc	116 鉝 Lv	117 硱 Ts	118 鿫 Og

64 釓 Gd	65 鋱 Tb	66 鏑 Dy	67 鈥 Ho	68 鉺 Er	69 銩 Tm	70 鐿 Yb	71 鑥 Lu
96 鋦 Cm	97 錇 Bk	98 鐦 Cf	99 鎄 Es	100 鐨 Fm	101 鍆 Md	102 鍩 No	103 鐒 Lr

週期

元素週期表中的橫行稱為「週期」。一個週期內的所有元素都具有相同的電子層數，最外層的電子數從少到多依次遞增。

從左到右的一行是一個週期。

族

豎列稱為「族」。一族元素的最外電子層具有相同的電子數，因此具有相似的化學性質。

從上到下的一列是一個族。

圖標

■ 非金屬
■ 鹼金屬
■ 鹼土金屬
■ 過渡金屬
■ 準金屬
■ 後過渡金屬
■ 稀土金屬和錒系金屬

真實世界

氦

氦是第二輕的元素，非常適合填充氣球，這是因為這種無色無味的氣體比空氣輕，也因為氦氣是第二難進行化學反應的元素，所以非常安全。氫氣比氦氣輕，但是氫氣高度易燃。

如何照亮天空

震耳欲聾的爆炸聲和耀眼的煙花閃光來自快速化學反應釋放的能量。古代中國人通過一次偶然的發現發明了火藥，之後製造了第一批煙花。這一發現不僅給世界帶來了聲光表演，還給世界帶來了槍支、大炮、火箭和炸彈，永遠改變了戰爭的方式。

1 1,000 多年前，中國煉丹術士們試圖用煉丹術煉製一種能讓他們長生不老的仙丹。他們試驗了他們所能想到的各種化學物質和各種混合這些化學物質的方式。

2 一位不幸的煉丹術士將木炭、硫磺和硝酸鉀混合，然後加熱，結果混合物發生了爆炸，並且燒毀了他的房子。他發現了火藥！

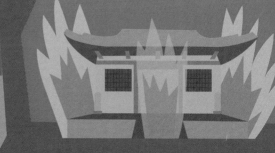

用這三種成份可以製成火藥。

硝酸鉀　　木炭　　硫磺

了解科學
化學反應

當化學物質發生反應時，它們的分子被分解，原子重新排列，形成新的分子。有些化學反應發生得很慢，例如鐵生鏽，而有些則是瞬間發生的。煙花由化學反應驅動，不僅速度快，而且釋放大量的能量。能量的突然釋放導致氣體迅速膨脹，這就是爆炸。

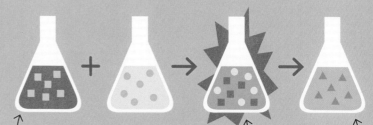

化學反應開始時參與反應的物質稱為「反應物」。

化學反應

化學反應產生的化學物質稱為「產物」。

3 究竟是誰製作了第一個煙花是個謎。有一個故事說，一位名叫李畋的僧人將火藥填入竹子中，然後將它扔進火裏，產生了火花和砰的一聲！

點燃火藥需要火的熱量。

4 不久，煙花在慶祝活動中流行起來。人們把煙花裝在箭上，製造射向天空的火箭。隨着時間發展，煙花變得越來越大、越來越亮，聲音越來越響亮，色彩也更豐富了。

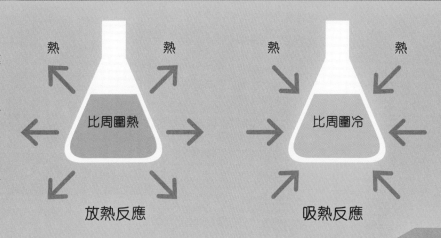

化學能

所有分子中的原子之間的化學鍵都儲存着勢能。在化學反應過程中，其中有些勢能會以熱、光或聲音的形式釋放出來。釋放能量的化學反應，例如蠟燭燃燒，稱為「放熱反應」。吸收能量的化學反應，例如光合作用，稱為「吸熱反應」。

熱　　　　熱

比周圍熱

放熱反應

熱　　　　熱

比周圍冷

吸熱反應

煙花的運作原理

　　現代的火箭煙花有兩個主要的火藥隔間：一個裝着黑火藥，用來發射煙花，另一個用來綻放多彩的煙花展示。最精緻的煙花裏有很多小煙花，它們向不同的方向發射，然後以精心設計的順序爆炸。

火箭煙花達到噴氣式戰鬥機的速度。

下端的引信可以燃燒 3-9 秒鐘。

1 火箭煙花燃燒的第一部分是引信。為了安全起見，引信會緩慢燃燒，延遲煙花被點燃的時間，並且控制煙花的其他部分被點燃的時間。

2 接下來，火箭底座的火藥被點燃，開始爆炸性地燃燒，從底部噴出熱氣體，以極快的速度向上推動火箭。

甚麼是燃燒？

　　「燃燒」是一種化學反應。燃燒需要三樣東西：燃料、與燃料發生反應的氧氣和觸發反應的熱源。在大多數燃燒反應中，氧氣來自空氣，但是火藥等爆炸物含有在化學反應時會釋放氧氣幫助燃燒的物質，使反應速度加快。

煙花從化學物質氧化劑（例如硝酸鉀）中獲取氧氣。

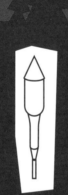

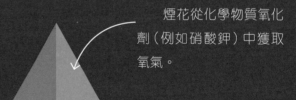

需要熱源來觸發燃燒反應。

熱源

氧氣

燃料

煙花中的硫磺和木炭都可以作為燃料。

星星的數量和位置的組
合決定它們爆裂時在天空中
形成的形狀。

硝化甘油炸藥

炸藥用於炸開山間通道、拆除建築物、挖礦和引發受控雪崩。最常見的炸藥之一是硝化甘油炸藥,它是由瑞典化學家阿爾弗雷德・諾貝爾(Alfred Nobel)發明的,比火藥安全。諾貝爾用他從炸藥獲得的財富設立了諾貝爾獎。

3 最後,火箭頂部被點燃,裏面有數十個稱為「星星」的小火藥包,它們在燃燒時向外爆裂,產生彩色光和轟隆隆的爆炸聲或噼啪聲。

五彩繽紛!

煙花的絢麗色彩來源於添加到火藥中的各種金屬化合物。當金屬原子被加熱時,它們的電子會被「激發」,也就是說,它們的電子會跳到更高的軌道,隨後當電子返回較低的軌道時,會以光的形式釋放能量。光的顏色取決於煙花中使用的金屬類型,例如,鎂會產生白光。

鎂　　　銅　　　鍶

鋇　　　鈉　　　鈣

塑料的故事

　　塑料是非常有用的材料，在現代生活中隨處可見。塑料的有些用途是顯而易見的，例如食品包裝，但是你可能沒有意識到許多日常用品也是由塑料製成的，例如衣服甚至油漆。塑料的化學成分類似於一些天然材料，例如絲綢和橡膠，但塑料是人類發明的，最早的塑料是由一位比利時出生的科學家合成的。

1 在 20 世紀初期，人們越來越依賴電力。電線需要絕緣才能安全有效地運作。製造商使用一種稱為「紫膠」的昂貴物質來給電線絕緣。

紫膠是由雌性紫膠蟲產生的一種天然物質。

紫膠形成類似塑料的碎片，可以被溶解在乙醇（酒精）中製成液體紫膠。

電線被浸入液體紫膠中，就會被裹上一層絕緣外皮。

貝克蘭使用了自己發明的壓力鍋，稱之為 "Bakelizer"（貝克利澤）。

2 在美國，化學家列奧·亨德里克·貝克蘭（Leo Hendrik Baekeland）開始用化學物質進行試驗，來製造可以大規模生產的人工合成紫膠。

甲醛

苯酚

3 貝克蘭用壓力鍋將甲醛和苯酚這兩種化學品混合在一起,小心地控制溫度和壓力,創造了世界上第一批合成聚合物,也就是塑料。

4 貝克蘭將這種堅固的輕質材料命名為"Bakelite"(膠木)。它非常適合用於給電線絕緣,它還可以被模塑製成許多其他物品,因此用途廣泛。

電話

風筒

首飾

棋子

收音機

電風扇

相機

了解科學
聚合物

紫膠和膠木均由聚合物構成。聚合物是大量小分子以重複模式連接在一起形成的長鏈物質。這些小分子被稱為「單體」,就像砌塊一樣。下面是乙烯單體的一個例子。

乙烯單體由兩個碳原子和四個氫原子構成。

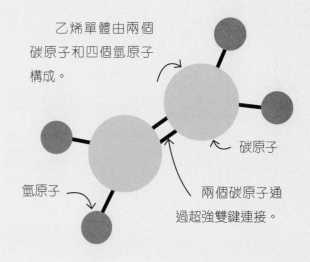

碳原子

氫原子

兩個碳原子通過超強雙鍵連接。

在稱為「聚合」的過程中,每對碳原子之間的雙鍵斷裂後,乙烯單體連接在一起形成一條鏈,稱為「聚合物」。

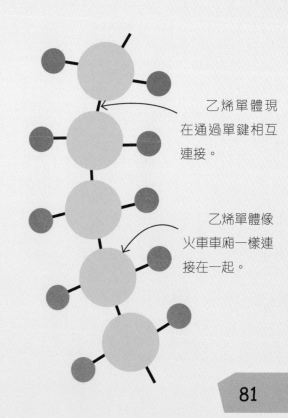

乙烯單體現在通過單鍵相互連接。

乙烯單體像火車車廂一樣連接在一起。

天然聚合物

塑料只是一種聚合物。事實上，自然界中很多東西都是由聚合物構成的，例如橡膠、蠶絲、纖維素和澱粉。蠶絲是蠶等動物產生的天然聚合物，橡膠是用橡膠樹的分泌物製成的，植物細胞壁中的纖維素可用於造紙，而澱粉是馬鈴薯和我們其他主食中的碳水化合物。

纖維素

澱粉

橡膠

蠶絲

合成聚合物

合成聚合物是人類用化學物質製造的。用不同的化學物質會產生不同種類的塑料，具有不同的用途。塑料用途廣泛，在很多方面讓我們的生活變得更容易。柔韌的塑料可用於給我們家中的電線絕緣，堅硬的塑料可用於製造建築工地的保護設備。塑料既便宜又衛生，醫院裏的塑料製品每天都在挽救生命。

聚苯乙烯

這種輕質塑料用於製造包裝材料、絕緣材料、杯子、浴缸，以及天花板。

聚乙烯

用於製作塑料袋、水瓶、食品包裝、玩具和絕緣材料。

聚氯乙烯（PVC）

可製成水槽、管道、電絕緣材料、地板，甚至衣服。

尼龍

尼龍是一種合成纖維，可以製成衣服、地毯、塑料繩和機器零件。

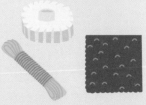

丙烯酸樹脂和纖維

用於製造塗料、指甲油和服裝合成纖維。

塑料的替代品

我們使用了太多的塑料,而有些塑料需要數百年才能腐爛,因此塑料垃圾成了一個問題。科學家們正在尋找用新材料來代替我們使用的某些塑料,例如用以蘑菇為基礎的包裝材料,以及用魚鱗和藻類製成的袋子代替塑料袋。

污染解決方案

2016 年,日本科學家發現了一種有助於對抗塑料污染的細菌。這些貪婪的細菌食客含有一種酶,也就是一種引起化學反應的物質。這種酶可以分解塑料的分子鍵,使塑料在短短 6 星期內分解。

聚氨酯(PUR)

可以用來製造包裝發泡膠、油漆、清漆、運動服和廚房海綿。

聚甲基丙烯酸甲酯(PMMA)

這是一種玻璃替代品,通常被稱為「有機玻璃」。

聚四氟乙烯(PTFE)

可用來製作防水服裝、機器軸承,以及炊具和平底鍋的不黏塗層。

克維拉

防彈背心等高強度材料就是用這種塑料製成的。

聚酯纖維(聚對苯二甲酸乙二醇酯,簡稱 PET)

這種塑料用於製造玻璃纖維、服裝合成纖維和照相膠卷。

好奇的化學家

從採礦到加工金屬，人類一直在嘗試尋找周圍材料的用途。化學起源於煉金術，將科學與魔法相結合，試圖將普通金屬變成黃金。而現代化學始於 18 世紀，並且在眾多聰明科學家的努力下飛速發展。

四元素說

古希臘人相信宇宙中的萬物只由四種元素構成，這個想法影響了科學思想長達 2,000 多年。這四種元素是水、空氣、火和土。

約公元前 3500 年

約公元前 450 年

約公元 1 世紀

青銅時代

美索不達米亞（今日的伊拉克）的蘇美爾人了解金屬元素的特性，他們將銅和錫一起加熱來製造青銅，也就是一種堅硬但具有延展性（可成形）的金屬，可以用來製造武器和工具。蘇美爾人還發現了在高溫下將沙子、蘇打和石灰混合製成玻璃的化學過程。

女先知瑪麗

埃及的亞歷山大城是古代世界的煉金術中心。據說，女先知瑪麗（Mary the Prophetess）是最早的煉金術士之一，她發明了一種蒸餾裝置，用來從溶液中提純物質，這種裝置至今仍在使用。

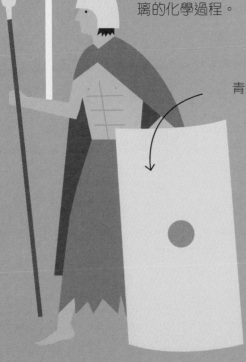

青銅盾

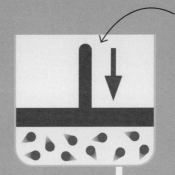

減小氣體的體積
會增加氣體的壓力。

波義耳定律

愛爾蘭出生的羅伯特·波義耳（Robert Boyle）通常被認為是第一位現代化學家。他發現了一個關於氣體行為的重要定律：當氣體佔據的空間減小時，氣體的壓力增加，反之亦然。波義耳定律解釋了很多事情，例如霧化氣溶膠發生器和醫用注射器的運作原理，以及人類的呼吸過程中發生的現象。

你知道嗎？

神秘的重量

18 世紀的科學家們根據四元素說，認為材料在燃燒時會釋放一種類似於火的元素，稱之為「燃素」。但是他們不明白為甚麼有的材料在燃燒後會增加重量。安托萬·拉瓦錫（Antoine Lavoisier）找到了原因，他證明燃燒是與空氣中的氧氣發生化學反應，有些物質在燃燒時會獲得氧氣。他的理論最終推翻了四元素說。

1530年

1622年　18 世紀 70 年代

帕拉採爾蘇斯

瑞士煉金術士帕拉採爾蘇（Paracelsus）斯率先在醫療中使用礦物質和其他化學物質。他發明了使用汞、硫和其他元素的療法，但是也認識到，有些物質小劑量使用時可以幫助人們治癒疾病，但是大劑量使用時可能是有毒的。他拒絕依賴古代文本，而是使用自己的觀察。這種方法影響了未來的化學家們。

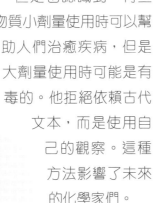

化學革命

法國科學家安托萬·拉瓦錫徹底改變了化學，他是首位準確地解釋燃燒過程的人，他識別並且命名了氧元素和氫元素，還提出了一種命名化學物質的方法，我們今天仍在使用這個方法。他還編寫了第一本現代化學教科書。

拉瓦錫發現水含
有兩份氫和一份氧。

硫化橡膠

在 19 世紀，天然橡膠在產品中的使用受到限制，這是因為它在寒冷的天氣中會破裂，並且在高溫下會熔化。美國化學家查爾斯·古德伊爾（Charles Goodyear）不小心將一些混有硫磺的橡膠掉到熱爐上，因此發現了硫化過程，使橡膠經久耐用而且不受天氣影響。幾十年後，當汽車工業興起時，硫化橡膠成為製造輪胎的首選材料。

本生燈

德國化學家羅伯特·本生（Robert Bunsen）和他的同事彼得·迪斯德（Peter Desaga）在研究不同元素燃燒發出不同種類的光時，設計了一種新款經濟型燃氣燈，它可以產生非常熱、非常乾淨的火焰。本生燈以它的發明者的名字命名，現在是全世界所有化學實驗室的一件重要儀器。

1812年　1839年　1855年　1898年

莫氏硬度標準

德國地質學家弗里德里希·莫斯（Friedrich Mohs）發明了一種測量礦物硬度的標準。他挑選了 10 種標準礦物，按照從軟到硬（1-10）的順序排列，每一種礦物都只能在比它軟的礦物上劃出劃痕。各種礦物通過簡單的劃痕測試，都可以得到一個軟硬程度的數字。這種標準幫助製造商選擇用於他們產品的礦物質，例如，智能手機屏幕使用一種硬玻璃，它的莫氏硬度大約為 7。

鐳的發現

波蘭裔法國化學家瑪麗·居里（Marie Curie）和她的法國丈夫皮埃爾·居里（Pierre Curie）在研究放射性時，發現了一種新的發光元素：鐳。不久之後，他們發現鐳能夠摧毀癌細胞。這一發現最終導致了放射治療的誕生，即用鐳的放射性來治療癌症。這個方法現在每年挽救了無數人的生命。

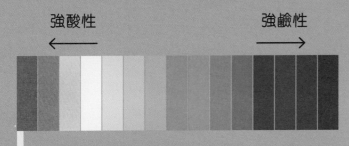

強酸性 ← 　　　　　→ 強鹼性

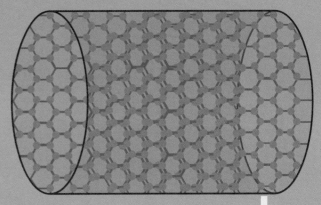

PH 值

化學家瑟倫・索倫森（Søren Sørensen）在丹麥的嘉士伯啤酒公司研究發酵過程時，發明了 pH 值，也就是測試化學品酸性或鹼性程度的方法。當酸與水混合時，會產生氫離子（離子是帶電荷的原子），因此具有低 pH 值，而鹼性物質則具有高 pH 值。pH 是 potential of hydrogen 的縮寫，意思是「氫離子濃度指數」。

石墨烯

石墨烯是一種非常堅固的碳形式，只有一個原子那麼厚。它已經被用於製造智能手機等產品中那些計算能力非常強大的微處理器，未來可能會用於提高太陽能電池板的效率。

1965年

今天

1909年　20 世紀 20 年代

冷凍食品

1920 年代之前，冷凍食品在煮熟後都是軟趴趴的，而且乏味。發明家克拉倫斯・伯茲艾（Clarence Birdseye）在加拿大拉布拉多工作時，注意到當地的因紐特人將他們捕獲的魚立刻冷凍在雪中。幾個月後，這些魚吃起來仍然很新鮮。伯茲艾回到他的祖國美國後，開發了一種在非常低溫下在兩個金屬板之間快速冷凍食物的方法，這種方法可以防止損壞食物的冰晶形成。

克維拉

美國化學家斯蒂芬妮・克沃勒克（Stephanie Kwolek）在進行聚合物實驗時，得到了一些出乎意料的乳狀溶液生成物。幸運的是，她沒有扔掉這些乳狀溶液，而是進一步研究。她發現可以將它們製成非常堅韌的纖維，強度是鋼的五倍。她將這種材料命名為「克維拉」。如今克維拉被用於製造數十種堅固而輕便的產品，包括賽艇和跑鞋。

克維拉已經被用於許多日常用品，包括運動鞋。

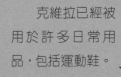

地球科學

有甚麼用？

想像一下，如果我們不知道颶風即將來臨或地震即將發生，那麼我們的生命將會面臨危險而不自知！是甚麼導致了地球及其大氣層的變化？地球是如何隨着時間而演變的？這些都是困擾地球科學家們的問題。回答這些問題有助我們找到解決全球暖化等威脅地球未來的問題的方法。

為甚麼我們需要地球科學？

　　我們都住在地球上，因此地球科學就對我們的生存至關重要。這個領域的科學家們研究地球，包括地球的歷史，地球的空氣、水和土地的現狀，以及它們如何隨着時間變化。科學家們在地震、颱風和颶風來襲之前，提醒我們注意，以此挽救生命。他們還通過揭示人類活動導致地球表面溫度上升，提出了我們這個時代最重要的問題之一：全球暖化。

甚麼是地球科學？

　　地球科學是一門大學科，有很多不同的研究領域。地質學家研究岩石和礦物，海洋學家研究地球的海洋，氣象學家分析大氣中的天氣模式。各個領域的專家們使我們了解複雜而脆弱的地球，以及我們如何保護它。

太陽對地球上的生物至關重要，它提供生物生長所需的光和熱。

大氣就像一塊大毯子，保護地球避免太陽的熱光線直接衝擊，還可以吸收掉有害的太空輻射。

山區儲存了地球上至少 60% 的淡水，其中大部分是冰。

只有 2% 的地球表面被熱帶雨林覆蓋，但是這些熱帶雨林裏包含了世界上一半的植物和動物物種。

海洋覆蓋了世界表面的 70%。波浪和潮汐是可再生能源的來源。

丟棄的塑料通常最終流入海洋，對海洋生物造成傷害。

沙子是被海浪和風磨出來的微小岩石顆粒。

岩石是由一種或多種礦物質構成的。礦物質是由化學元素構成的天然物質。

甚麼是全球暖化？

大氣中某種含量少的氣體能夠吸收太陽光的一些熱量，這種現象稱為「溫室效應」，有助於保持地球溫暖。然而，在過去的 150 年裏，燃燒煤炭、石油和天然氣等人類活動導致大氣中這些溫室氣體的含量上升，進而導致地球平均溫度上升。這對環境、冰蓋和冰川的融化產生了毀滅性的影響，並且導致世界各地發生更多的洪水、降雨和極端天氣事件。

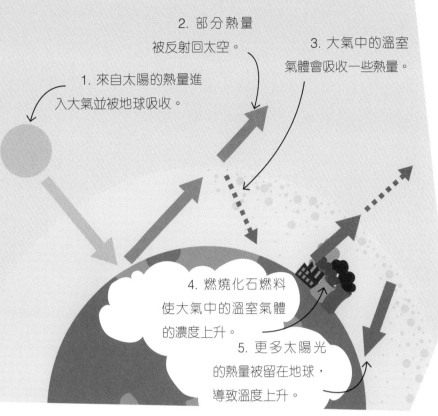

2. 部分熱量被反射回太空。

3. 大氣中的溫室氣體會吸收一些熱量。

1. 來自太陽的熱量進入大氣並被地球吸收。

4. 燃燒化石燃料使大氣中的溫室氣體的濃度上升。

5. 更多太陽光的熱量被留在地球，導致溫度上升。

日常生活中的地球科學

地球科學的一個重要領域是研究人類活動對環境的影響。觀察和衡量人類對地球造成何種破壞，例如污染，可以幫助我們開發更完善管理地球資源的方法，使我們可以與地球更和諧地共存。

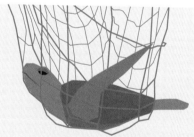

過度捕撈和污染是影響海洋動物生存和海洋健康的兩個主要原因。

海洋潮汐的漲退可以用來發電。使用這種自然能源有助於對抗全球暖化。

地球充滿了自然資源，包括金屬和寶石，還有煤炭、石油和天然氣等可以供燃燒發電的資源。

地球科學加深了我們對地震的了解，促使我們在許多有地震危險的地區提高建築物的安全標準，從而挽救生命。

明天會 下雨 嗎？

　　我們無法準確地預測天氣，但是幾個世紀以來，人們一直試圖預測天氣。無論我們計劃外出遊玩、種植莊稼，還是需要知道颱風是否可能來襲，天氣預報每天都能給我們提供幫助。預測天氣需要做很多工作，包括監測風況、記錄降雨量和測量溫度和氣壓。

1 幾個世紀以來，韓國農民通過測量降雨量來預測天氣。知道甚麼時候可能會下雨將有助於農民種植更多農作物。

2 他們測量了水坑的深度，來了解一次傾盆大雨下了多少雨。雖然這種方法有用，但是只能提供估計值，並不準確。

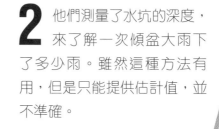

雨量計

　　現代雨量計的原理與韓國測雨器相同。現代雨量計只是一個有毫米或英吋標記的量筒。如果量筒中積聚了 25 毫米的水，那麼這個數值就是記錄的降雨量。

3 1441 年，應國王的要求，韓國發明家們製造了測雨器，可以更精確地測量降雨量。這種測雨器是一個鐵製的雨量觀測儀器，做成筒狀以防止濺水。

4 將尺子浸入筒裏的水中，就可以準確地測量降雨量。測雨器被送往韓國各地，使科學家們能夠創建有關降雨的詳細記錄，從而幫助全國各地的農民。

乾燥還是潮濕？

濕度是空氣中水蒸汽的量。在古代中國，人們通過測量一塊木炭的重量來測量濕度。在潮濕的天氣裏，木炭會吸收水蒸汽而變重。在乾燥的天氣裏，水分蒸發，木炭變輕。用天氣詞匯來說，炎熱乾燥天氣的濕度低，而寒冷潮濕天氣的濕度通常高。

將已知重量的木炭暴露在空氣中。

用木炭重量的增加量可以衡量濕度。

晴天還是暴風雨天？

地球大氣層中空氣本身的重力造成了「大氣壓」。高壓是晴朗天氣的標誌，而低壓可能意味着風、雨和暴風雨。1643年，意大利科學家埃萬傑利斯塔·托里拆利（Evangelista Torricelli）發明了水銀氣壓計，這是第一個可以準確測量大氣壓的工具。

玻璃管的上端內部是真空的，也就是沒有空氣的空間。

高壓將管子裏的水銀柱向上推。管子的側面有可以讀取的標記。

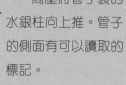

大氣壓

盆裏裝滿了水銀。水銀是一種在室溫下呈液態的金屬。

試試看
製作雨量計

你可以用舊塑料瓶製作韓國測雨器。首先剪掉塑料瓶的頂部，然後將一把尺子黏在瓶子外側面，或者用記號筆將尺子的刻度複製到瓶子的外側面。將水倒入瓶中，使水面達到標記上的 0。然後將瓶子的頂部倒置，放在瓶子上，成為漏斗。將測雨器放在戶外，在下雨後記錄標記指示的降雨量。

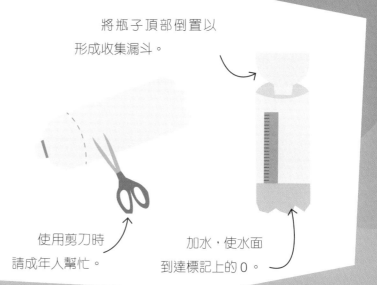

將瓶子頂部倒置以形成收集漏斗。

使用剪刀時請成年人幫忙。

加水，使水面到達標記上的 0。

熱還是冷？

溫度是衡量冷熱的指標。波蘭–荷蘭科學家丹尼爾・華倫海特（Daniel Fahrenheit）發明了水銀溫度計，這是第一個可靠的測量溫度工具。水銀溫度計是一支玻璃管，其中的水銀柱隨着溫度升高而膨脹上升。華倫海特還發明了以他名字命名的華氏溫標。

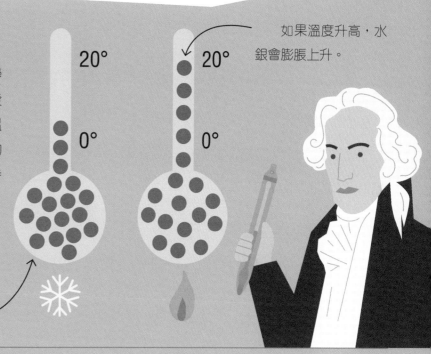

如果溫度升高，水銀會膨脹上升。

如果溫度下降，水銀會收縮，並且沿着管子下降。

天氣預報

環繞地球運行的氣象衛星收集地球大氣層的濕度、氣壓、氣溫、降雨量等數據，然後將這些數據輸入到強大的計算機中，運用模型來預測未來的天氣狀況。現代天氣預報可以預測一星期內的天氣，準確率約為 80%。

這些線稱為「等壓線」，顯示大氣壓相同的區域。

用簡單的圖標顯示不同地區的天氣預測。

如何知道你在哪裏

　　人類很早就發現有必要弄清楚自己所在的位置，通常人們根據當地的地理地標來定位。但是如果他們想要去遠方旅行，特別是去航海，則必須有更精確的方法來定位，才能安全地到達目的地。隨着時間發展，人們逐漸開發出各種巧妙的方法來計算緯度（南北方向距離的度數）和經度（東西方向距離的度數）。

1 世界各地的人們都發現，測量緯度的一個好方法是觀察夜空。雖然大多數星星每晚都在移動，但北極星似乎一直在同一方向，而它在天空中的高度取決於觀察者在地球上的位置。

北極星是小熊星座的一顆星。

北極星和地平線之間的角度為旅行者提供了緯度。

視線

3 他們將卡茅放在面前，前後移動，使卡茅的底邊緣與地平線對齊，上邊緣與北極星對齊，然後在繩子上再打一個結來標記他們的位置。

結

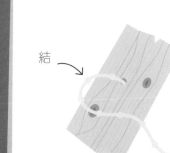

2 公元 900 年左右，阿拉伯探險家開發了一種稱為 "kama I"（卡茅）的簡單定位工具。在離家之前，旅行者會在一根繩子的一端上打一個結，將繩子穿過一片木頭上的孔，繩結可以防止繩子脫落。他們然後用牙齒將繩子拉緊。

北極星和緯度

北極星位於北極的正上方，因此它對於確定緯度很有用。這是因為當地球繞軸旋轉時，北極星一直保持在北極的正上方。如果你在赤道（緯度為 0°），北極星就位於地平線上，隨着你向北走，北極星會越來越高，直到你到達北極，它就出現在正上方（北緯 90°）。不幸的是，因為南部夜空中沒有像北極星這樣的星星，因此這種方法對赤道以南的旅行者沒有用。

北極（北緯 90°）

赤道（0°）

在旅行者的新位置，北極星在天空中更高，這意味着他們走到了更北的地方。

4 當旅行者到達一個新地點時，他們會再次使用卡茅，調整距離，使底邊與地平線對齊，上邊與北極星對齊，然後打一個新的結來標記他們的新位置。

5 旅行者會在他們的卡茅上打很多結來標記重要的地方。如果他們迷路了，他們可以使用卡茅計算出他們與以前記錄的位置的距離。卡茅不會告訴他們如何到達那裏，但是會告訴他們那裏是在他們的南邊還是北邊。

真實世界

六分儀

隨着時間發展，旅行者們開發了計算緯度的更先進方法。航海六分儀可以根據比例尺準確地測量地平線與太陽和星星之間的角度，使旅行者們能夠更準確地確定自己的位置。

如何計算經度？

到 18 世紀，穿越世界各大洋的貿易急劇增加，但是航海員們有一個問題：如果不知道自己的經度，很容易在海上迷路。這個問題經常導致海難。伽利略・伽利萊和埃德蒙・哈雷（Edmond Halley）等偉大的科學家們曾經仰望星空，試圖解決經度問題，但是在 1728 年，英國製錶師約翰・哈里森（John Harrison）找到了答案，他發現用時鐘可以比較容易地解決這個問題。

1 哈里森知道，由於地球是一個旋轉的球體，每天會旋轉 360°。而一天有 24 小時，這意味着它每小時旋轉 15°。這就解釋了地球上不同地方有不同時間的原因。

$$360^{o} / 24 = 15^{o}$$

2 但是，一艘在海洋中的船如何算出自己的經度呢？答案在於測量時間。水手可以分辨出正午的時間，這是因為正午是太陽在天空中最高的時間。如果他們還知道參考點的時間，例如英國倫敦的時間是最常用的參考時間，他們就可以通過比較兩者之間的差來計算出它們之間的經度差。

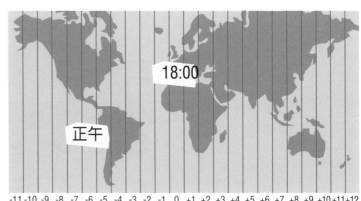

18:00

正午

-11 -10 -9 -8 -7 -6 -5 -4 -3 -2 -1 0 +1 +2 +3 +4 +5 +6 +7 +8 +9 +10 +11 +12

真實世界

全球定位系統

我們現在使用地球軌道上的衛星和地面的網絡系統，再加上一些複雜的數學計算，來準確地定位。這個網絡稱為「全球定位系統」（GPS）。太空中的衛星向 GPS 接受設備（例如智能手機）發送信號，然後 GPS 接受設備用數學計算出它在地球上的位置，精確度達到幾米。

3 哈里森的任務是製作一個精確的航海計時器，它不受溫度變化和船舶行駛速度的影響。出發前將這個計時器設定成某一個參考點的時間，例如倫敦時間，這樣海員在海上就可以用它來計算時間差。

4 最終，在 1759 年，哈里森展示了他的傑作。他的航海鐘是一個大懷錶大小的儀器，其中有複雜的精確計時機制。在前往牙買加的首航中，哈里森的航海鐘在 81 天內僅慢了 5 秒。經度定位問題被解決了！

哈里森的 H4 航海鐘是他解決經度定位問題的第四次嘗試。

如何阻止核彈試驗

大多數元素是穩定的，但是有些稀有元素具有放射性，也就是說，它們可以分解並釋放危險的輻射。放射性物質可以被用於治療癌症和發電，但是它們也可以造成致命的污染。在 1950 年代，當越來越多核武器在地球上看似偏遠的角落被試驗時，一位日本科學家意識到它們的放射性殘留物即將污染整個太平洋。

1 1954 年 3 月，一艘名為「第五福龍丸」的日本金槍魚漁船的船員們在太平洋馬紹爾群島附近拖網捕魚後生病。

2 醫生們後來發現船員們患有輻射病。這艘船去過比基尼環礁的美國秘密試驗場的下風處，當時這個試驗場引爆了一枚巨大的核彈。

3 日本政府請科學家猿橋勝子調查原子彈的放射性落下灰（也就是放射性污染）是如何在太平洋周圍傳播的。猿橋勝子發現這些污染隨着洋流順時針漂流，最後集中在某些區域。她還意識到，如果沒有人採取措施，太平洋中的許多生物最終都會受到污染的傷害，甚至完全滅絕。

4 猿橋勝子的研究在國際上引起了巨大的反響，美國不得不承認它一直在太平洋試驗核彈。不久之後，美國和其他國家同意停止在水下、大氣或太空中試驗核彈。

了解科學
核輻射

如果一個原子不穩定，那麼它的原子核隨時都可能分裂，也就是衰變。當原子核衰變時，它會以核輻射的形式釋放大量能量，這種輻射可能是快速運動的粒子（例如 α 粒子），也可能是以光速傳播的波。

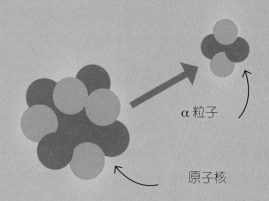

α 粒子

原子核

核輻射主要分為三種類型：α、β和 γ 射線。α 射線的穿透力最弱，即使是皮膚也能阻擋它。γ 射線的穿透力強，很容易穿過人體。

β 輻射可以穿過皮膚，但是可以被薄金屬片阻擋。

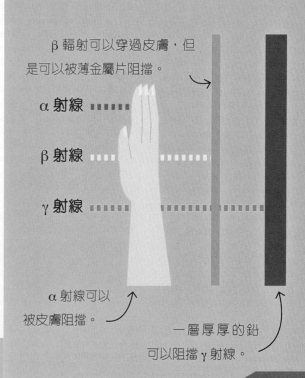

α 射線 ▪▪▪▪▪▪

β 射線 ▪▪▪▪▪▪▪▪▪▪▪▪

γ 射線 ▪▪▪▪▪▪▪▪▪▪▪▪▪▪▪▪▪▪

α 射線可以被皮膚阻擋。

一層厚厚的鉛可以阻擋 γ 射線。

核武器

　　核彈是世界上最具破壞力的武器，在戰爭中只被使用過兩次。核彈的原理是使原子核分裂（核裂變）或者迫使原子核聚在一起（核聚變）。無論是哪種方式，都會釋放出大量的能量，使這些炸彈具有巨大的爆炸力。聚變炸彈比裂變炸彈更強大，更具破壞性，但是裂變炸彈產生更多的放射性落下灰。

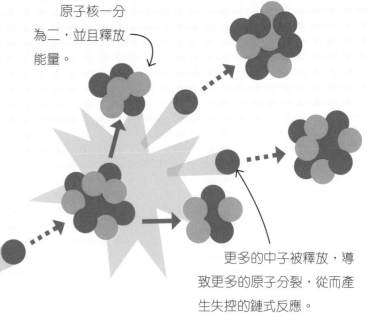

原子核一分為二，並且釋放能量。

在裂變炸彈中，中子撞擊不穩定的鈾原子核，使它們分裂。

更多的中子被釋放，導致更多的原子分裂，從而產生失控的鏈式反應。

核能

　　核電站利用核裂變釋放的熱量來發電。與核彈不同，發電站通過將核燃料棒與吸收中子的材料分開來控制裂變反應。核能有利也有弊，它不會產生二氧化碳等溫室氣體，但是核反應堆產生的廢物具有數千年的放射性，必須深埋在地下。

核反應產生的熱量被用來驅動發電機發電。

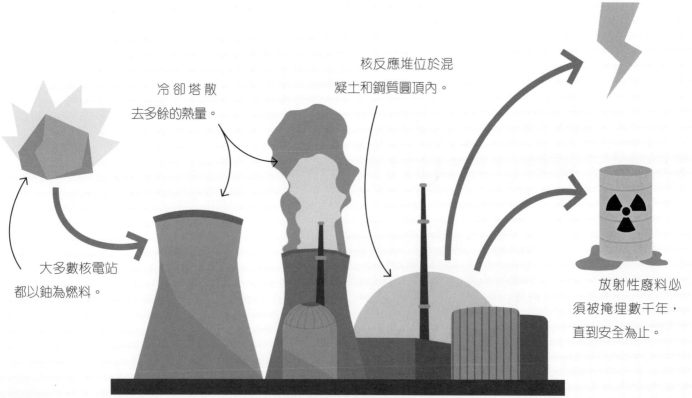

冷卻塔散去多餘的熱量。

核反應堆位於混凝土和鋼質圓頂內。

大多數核電站都以鈾為燃料。

放射性廢料必須被掩埋數千年，直到安全為止。

放射治療

核輻射可能會導致癌症，但是也可以被用於治療癌症，這種療法稱為「放射治療」，其原理是破壞癌細胞中的 DNA，使它們無法再分裂或生長。在治療期間，多束 γ 射線從不同的方向瞄準人體，照射惡性腫瘤患處，使腫瘤受到較高劑量的輻射，而周圍每個健康區域只受到小劑量輻射。放射治療可能會損害患者的一些健康細胞，但這被認為是值得承擔的風險。

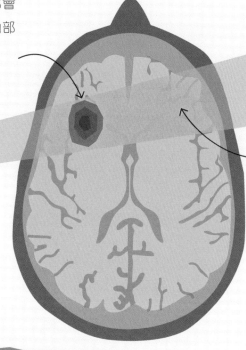

每一束 γ 射線都會擊中腫瘤，破壞其內部的癌細胞。

γ 射線從多個方向瞄準腫瘤。

有些健康細胞也受到損害，使患者感到不適。

優秀的地球科學家

地球在過去並不總是像今天這樣,將來也不會保持今天的樣子。同樣,經過許多世紀的發展,我們對地球發生變化的原因有了更深入的了解,例如山脈和海洋形成的原因,以及天氣預報的準確性。

地震

中國科學家張衡發明了世界上第一個檢測地震的裝置,它有八條龍頭狀活動臂,指向八個方位,每個龍頭的下方都有一隻蟾蜍形狀的容器與其對應。當地震衝擊波觸發擺動裝置時,會使某個的龍頭嘴裏叼着的球落入對應的蟾蜍的嘴裏,來顯示地震的方向。

每條龍的嘴裏都叼着一顆球。

地震會導致擺動裝置開始擺動,從而使龍張開下顎。

球落入蟾蜍的嘴裏。

約公元前 350 年

公元 132 年

約公元 1000 年

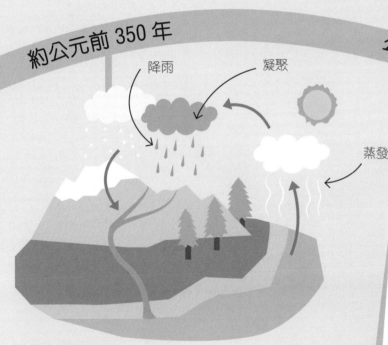

降雨　　凝聚　　蒸發

為甚麼下雨

希臘哲學家亞里士多德被認為是第一位找出下雨原因的人。他正確地論證了太陽的熱量導致水蒸發成水蒸汽,並且上升到高層大氣中,然後寒冷使水蒸汽凝結,下降為雨或雪。

山脈的成因

在研究中亞山脈時,阿拉伯思想家伊本·西拿推測它們是如何形成的。他提出,它們可能是由地震突然迫使陸地從海床上升造成的,也可能是由較慢的侵蝕過程造成的。侵蝕過程是指地球的表面不斷受到風和水的磨損,從而形成山谷。伊本·西納的這兩點都說對了。

溫度計

在丹尼爾·華倫海特發明溫度計後不久,瑞典天文學家安德斯·攝爾修斯(Anders Celsius)制定了一個新的溫標。攝爾修斯一直在水的冰點到沸點附近進行實驗,希望在這兩個點之間建立一個溫標,他稱這個溫標為 "centigrade"(百分溫標),以拉丁語「100 步」命名。大約 200 年後,科學界以它的創造者名字把這個溫標重新命名為「攝氏溫標」。

在最初的百分溫標中,水的沸點是 0°C,冰點是 100°C,但是這些標度很快就被倒轉過來。

更古老的地球

許多人受聖經的影響,相信地球只有幾千年的歷史。法國博物學家布封伯爵(Comte de Buffon)認為,化石的存在意味着地球可能更古老,也許是數百萬年。他低估了地球的真實年齡,但是他對自然歷史的非聖經解釋在當時是革命性的,並引發了一場長期的爭論。

1749年

1742年

1088年

化石記錄

中國科學家沈括是最早提出氣候變化理論的人之一。他在克州的居所附近發生了山體滑坡,露出一片變成石頭的竹筍化石林。沈括知道,在當時的乾燥氣候下,竹子是活不下去的。這使他得出結論,克州過去的氣候一定非常不同,他據此得出一個開創性的理論:氣候可能存在變化。

你知道嗎?

不同的理論

在 18 世紀後期,地球科學界因兩種理論而產生嚴重分歧。有些人認為地球表面只能通過洪水等自然災害而產生變化,其他人則認為自然界的變化是長期緩慢變化的結果。這兩種想法最後都得到了證實,並且對查爾斯·達爾文的研究產生了重大影響。

卷雲

積雲

層雲

大約 2 億年
前的盤古大陸。

雲彩

　　在 19 世紀以前，有關雲彩的科學研究很少，但雲彩卻是英國業餘天氣觀察員盧克・霍華德（Luke Howard）的愛好。霍華德花時間繪畫雲彩的草圖，他發現的模式啟發他將雲彩分為三種主要類型。後來他逐漸增加了更多名稱來描述這些雲彩類型的組合。

盤古大陸

　　德國科學家阿爾弗雷德・魏格納（Alfred Wegener）提出了這樣的觀點：在 3.35 億到 1.75 億年前，現代的所有大陸是一個相連的整體，稱為「盤古大陸」。而一個稱為「大陸漂移」的過程導致盤古大陸分裂。他的理論可以解釋在世界兩端存在類似的動物的原因。

1802年 1846年

1912年

1913年

地震波

　　愛爾蘭科學家羅伯特・馬萊特（Robert Mallet）提出了一個理論，解決了長期以來一直困擾科學家們的問題：是甚麼導致了地震？馬萊特發現地震是地下岩石運動的結果，地下岩石運動導致的振動傳播到地球表面。他稱這些振動為「地震波」。

地震波從震源穿過
地層向四周輻射。

岩石測年法

　　英國地質學家亞瑟・霍爾姆斯（Arthur Holmes）研究鈾元素在一塊岩石中衰變成鉛的速度，從而推算出地球至少有 16 億年的歷史。他的研究促使科學家們在 1950 年代確定了地球的真實年齡：46 億歲。

液態外核

固態內核

地幔
（固態岩石）

恐龍滅絕

恐龍是怎麼滅絕的？美國物理學家路易斯・沃爾特・阿爾瓦雷茨（Luis Walter Alvarez）和他的兒子沃爾特（Walter）發現的證據給出了可能的原因。6,600 萬年前，有一顆直徑 9,000 公里的小行星撞擊了墨西哥灣，引發了地震和海嘯，散發的塵霧阻擋陽光達一年多，由此引起了大量植物死亡，食物鏈失去平衡，可能導致了恐龍的飢荒和滅亡。

實心地核

科學家們過去認為地球的金屬核心是液態的。在研究地震引起的地震波時，丹麥地震學家英厄・萊曼（Inge Lehmann）發現地球的核心實際上由兩層構成：一層是液態的外核，而在正中心的，是一個以前未被發現的固體鐵和鎳內核。

1980年

今天

1936年 1962年

衛星救地球

人造衛星圍繞地球運行，提供了從地面無法獲得的地球信息。人造衛星測量地球大氣中臭氧和二氧化碳等氣體含量的變化，幫助我們發現氣候變化的影響，它們傳回來的圖像為我們提供了有關氣候緊急情況，例如野火蔓延和冰蓋縮小的信息。它們提供的數據使我們能夠作出比以往任何時候都更準確的天氣預報。

環境問題

美國生物學家蕾切爾・卡遜（Rachel Carson）發現，現代農業中大量使用的殺蟲劑正在污染土壤和河流，並導致鳥類和其他動物死亡。她出版了一本有影響力的著作《寂靜的春天》，引起了人們對人類破壞環境的關注。她的研究現在被認為啟動了環保運動。

太空科學 有甚麼用？

　　太空科學不斷突破人們認為可能實現的極限。一個世紀前，很少有人認為人類會踏上月球。今天，我們已經將機器人送上了火星，並且計劃很快也會將人類送上火星。科學家們甚至越來越接近回答其中一個最大的問題：人類在宇宙中是否孤單？

為甚麼我們需要

太空科學？

宇宙是如何誕生的？它將如何結束？我們的地球之外有生命存在嗎？這些都是大問題，也正是太空科學家們研究的問題。太空科學是一門令人興奮的、變化多端的科目。每年，太空科學家們都會探索更廣闊的星空，揭示越來越多的宇宙奧秘，同時為我們帶來新發明和技術，包括人造衛星和安全設備，從而改變我們的世界。

甚麼是太空科學？

太空科學是探索宇宙的學科，而宇宙則是最大的實驗室！太空科學是一門非常古老而又非常新穎的學科。我們的早期祖先按照月相製作了第一個日曆，中世紀的天文學家們研究了行星的軌道。今天，太空科學匯集了所有學科，包括物理學、化學、生物學、計算機科學、工程學，甚至數學，目的是研究宇宙是如何運作的，以及我們在其中的位置。

彗星是圍繞太陽運行的一大團氣體和髒冰。

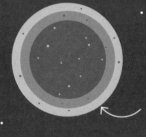

太陽光維持地球上的生命。地球圍繞太陽運行。

光年是甚麼意思？

太空中的天體相距如此之遠，以至於我們使用稱為「光年」的特殊單位來衡量距離。光年是光在一年中傳播的距離，大約是 9.5 萬億公里！雖然光速很快，但是由於太空中的天體距離地球太遠，因此它們的光到達地球仍然需要很長時間。

小行星是一塊岩石或金屬，像彗星一樣圍繞太陽運行。

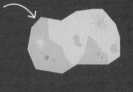

地球距離最近的恆星太陽大約 8.3 光分。

距離最近的恆星比鄰星大約 4.3 光年。

距離北極星約 323 光年。

月球是唯一圍繞地球運行的自然天體，它的光是太陽光的反射。

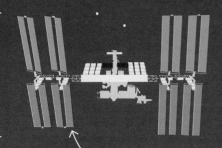

國際太空站（ISS）是太空中最大的人造物體，它每天圍繞地球運行 16 圈。

在黑洞中，引力是如此之大，以至於任何東西都無法逃脫，即使是光也不行。

星系是由數量巨大的恆星在萬有引力作用下聚集在一起的系統。天文學家估計宇宙中大約有數千億個星系。

太空探測器越過地球軌道進入外太空，它們不載人。

日常生活中的太空科學

太空是一個環境非常惡劣的地方，溫度極端，沒有氧氣，並且有輻射的危險。有些非常聰明的科學家們進行了大量的研究，使太空探索成為可能。這些研究導致了各種驚人的新發明，其中許多發明也對我們在地球上的日常生活有益。

美國太空總署開發了為太空人製造飲用水的技術，現在，在一些發展中國家，這項淨化水的技術已經被廣泛使用。

為太空任務設計製造小而強大的計算機技術，使我們許多人現在能夠使用輕便的筆記本電腦和手提設備。

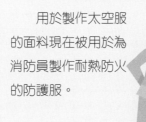

用於製作太空服的面料現在被用於為消防員製作耐熱防火的防護服。

我們手機上的微型數碼相機歸功於美國太空總署，他們開發了一種在不削減圖像質量的情況下使相機變得更小的方法。

距離銀河系中心大約 26,000 光年。

距離最近的星系仙女座約 250 萬光年。

距離我們所知的最遙遠的星系 GN-z11 大約 134 億光年。

如何克服萬有引力

最早的火箭，也就是大約公元 1,000 年中國人發明的煙花，能夠飛到高空，但是直到 20 世紀科學家們才開發出一種強大到足以發射到外太空的火箭。這一突破使人類有可能發現更多關於太陽系甚至更遠太空的信息，這超出了任何人的想像。

1 1903 年，俄羅斯科學家康斯坦丁・齊奧爾科夫斯基（Konstantin Tsiolkovsky）發表了他的「火箭方程式」，他的計算從理論上表明，由液體燃料驅動的火箭可以被加速到足夠快，以至於可以擺脫地球的引力，並且到達既定的軌道。

$$\Delta v = v_e \ln \frac{m_0}{}$$

2 1926 年，美國科學家羅伯特・戈達德（Robert Goddard）發射了第一枚液體燃料火箭，它由點燃的汽油和液氧提供動力，飛入空中，高度達到 12.5 米，兩秒鐘後墜落回地球。

了解科學

逃逸速度

地球的引力將地球上和地球周圍的物體都拉向地球。為了逃離地球的引力，物體的運動速度必須非常快，這個速度稱為「逃逸速度」。火箭必須燃燒大量燃料才能達到這個令人難以置信的速度。

掉回地球

任何運動速度不夠快的物體，無論是網球還是太空船，都會被地球的引力拉回地面。

伴侶號的火箭有一個形狀光滑的「鼻錐」，它在到達太空後與衛星分離。

與火箭分離後，這顆微小的人造衛星每96分鐘圍繞地球運行一圈。

這枚火箭由四個圍繞核心的助推發動機組成，這四個發動機在燃料耗盡時被拋棄，減輕了火箭的載荷，從而提高了速度。

發動機燃燒液體燃料，噴出氣體，將火箭推向太空。

3 火箭科學在 1950 年代成為一項國際競賽，美國和蘇聯都爭先恐後地想成為第一個將火箭送入太空的國家。蘇聯於 1957 年發射了一枚強大的火箭，將一顆名為「伴侶號」的微型人造衛星送入太空，從而在這場競賽中勝出。人造的太空船終於離開了地球，使得更多的科學成就成為可能。

圍繞地球運行

如果太空船以每小時 28,000 公里的速度飛行，它就不會掉回地面，但是地球的引力會使它像人造衛星一樣圍繞地球運行。

逃逸軌道

如果太空船的飛行速度超過每小時 40,000 公里，它將擺脫地球的引力，成為太陽系內的人造天體。

月球是除地球之外唯一有人類足跡的太陽系天體。

在月球上
重 12 公斤

萬有引力、質量和重量

任何物體都有引力，但是只有像行星和恆星這樣有巨大質量的物體才有強大的引力，才會對其他物體有顯著影響。質量是物體中物質的數量。一個物體的質量越大，它的引力就越強。重量是衡量引力對質量的拉力的量度。這就是為甚麼太空人在太陽系中的不同地方重量不同，行星越大，行星的引力就越強，如果太空人站在引力大的行星上，太空人的體重就越重。

在水星上
重 26.5 公斤

在火星上
重 27.5 公斤

在天王星上
重 65 公斤

這位太空人一直具有相同的質量，但是如果他站在不同的太陽系天體上，他的重量則會有所不同。

在金星上
重 66 公斤

在地球上
重 73 公斤

在土星上
重 77.5 公斤

在海王星上
重 82 公斤

萬有引力有甚麼作用？

當我們扔球時，地球的引力是導致球下落的原因。引力將球拉向地球，引力也使我們的腳維持在地面上，並且使月球維持在圍繞地球的軌道上運行。

在木星上
重 184.5 公斤

木星是太陽系中質量最大的行星，因此它的引力很強

空間曲線

科學家們仍然不確定是甚麼導致了萬有引力，但是按照阿爾伯特·愛因斯坦的理論，萬有引力是由「空間彎曲」引起的。他的廣義相對論表明，巨大的物體使它周圍的空間彎曲，附近的其他物體也會被拉向它。較大的物體會產生較大的空間彎曲，因此它們的引力較強。

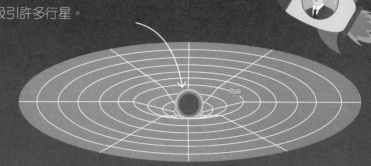

一顆恆星在太空中形成巨大的彎曲，可以吸引許多行星。

引力助推

太空船只有有限的燃料，太空科學家們有一種節省燃料的方法，就是利用引力，稱之為「引力助推」。當太空船靠近行星時，可以利用行星的引力幫助自己加速或減速，而不用消耗寶貴的燃料。

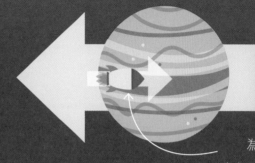

為了降低速度，太空船逆着行星的自轉方向飛行。

然後，太空船沿着不同的軌道以更快的速度離開行星。

當太空船靠近行星時，它開始感受到行星的引力。

太空船在圍繞行星飛行的軌道上從行星的運動中獲得動量，來節省燃料。

真實世界

朱諾號任務

美國太空總署的朱諾號木星探測器在 2013 年，也就是被發射了兩年後，利用引力助推飛掠地球，獲得幾乎與它最初的發射火箭同等的助推力，於 2016 年到達木星。

宇宙是如何誕生的？

在 20 世紀中葉，科學家們對宇宙如何誕生存在分歧。有些科學家認為宇宙一直存在並且永遠都會存在，而有些科學家則認為宇宙在「大爆炸」之後出現。這些科學家一直爭論，直到有兩名科學家偶然作出了一個令人難以置信的發現。

1 1964 年，美國科學家阿諾·彭齊亞斯（Arno Penzias）和羅伯特·威爾遜（Robert Wilson）在美國新澤西州的霍姆代爾使用一支巨型天線來研究來自銀河系的無線電信號。他們注意到一種奇怪的背景嗡嗡聲，聽起來像無線電雜音。

2 無論他們將天線指向哪裏，即使是空曠的地方，仍然能接收到這種聲音。當時有一羣鴿子在天線內安家。他們想也許是鴿子的糞便造成了干擾，但是，移走了巢穴並且清除了糞便後，噪音仍然持續。

3 疑惑不解之際，他們邀請同事羅伯特・迪克（Robert Dicke）也來研究這個現象。三位科學家一起發現了一件不可思議的事情：那個嗡嗡聲實際上是宇宙誕生時的大爆炸遺留下來的輻射！

了解科學
宇宙微波背景輻射

巨型天線接收到的遺留輻射被稱為「宇宙微波背景輻射」，天文學家們認為這是大爆炸後的餘暉。這個發現引證了羅伯特・迪克的理論，即曾經發生過大爆炸。巨大的初始爆炸在整個宇宙中留下了微量的熱輻射。

這張圖畫顯示了宇宙背景輻射的溫度變化。

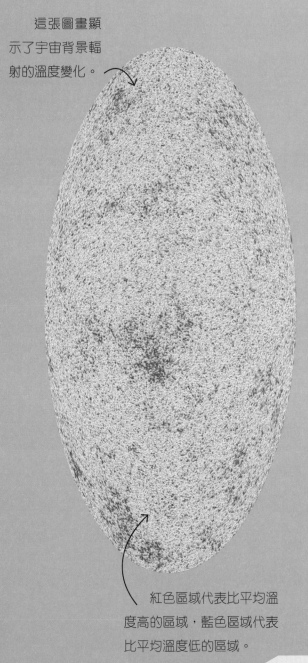

紅色區域代表比平均溫度高的區域，藍色區域代表比平均溫度低的區域。

宇宙是如何誕生的？

根據大爆炸理論，宇宙誕生於 138 億年前。之前，宇宙只是一個點。一次巨大的爆炸導致它在瞬間迅速膨脹，我們所知的宇宙由此誕生。從那以後，宇宙一直在膨脹。

宇宙微波背景輻射，也就是宇宙大爆炸遺留下來的餘暉，可以追溯到這個時刻。

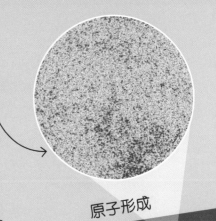

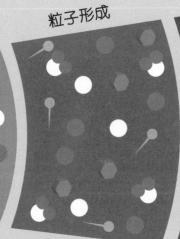

大爆炸

大爆炸使宇宙開始膨脹。

宇宙膨脹

一瞬間，宇宙急劇膨脹。

物質形成

隨着膨脹，宇宙開始冷卻，構成萬物的物質開始形成。

粒子形成

大約一秒鐘後，質子和中子這些亞原子粒子形成。

原子形成

大約 380,000 年後，電子和中子相結合，形成了第一批原子。

我們在宇宙中的位置

我們的太陽是形成銀河系的 1,000 億多顆恆星中的一顆。星系有不同的形狀，銀河系是一個螺旋星系，有幾個從中心向外旋轉的「臂」。我們的太陽系位於一個小臂上，稱為「獵戶臂」。

地球是距離太陽第三近的行星。

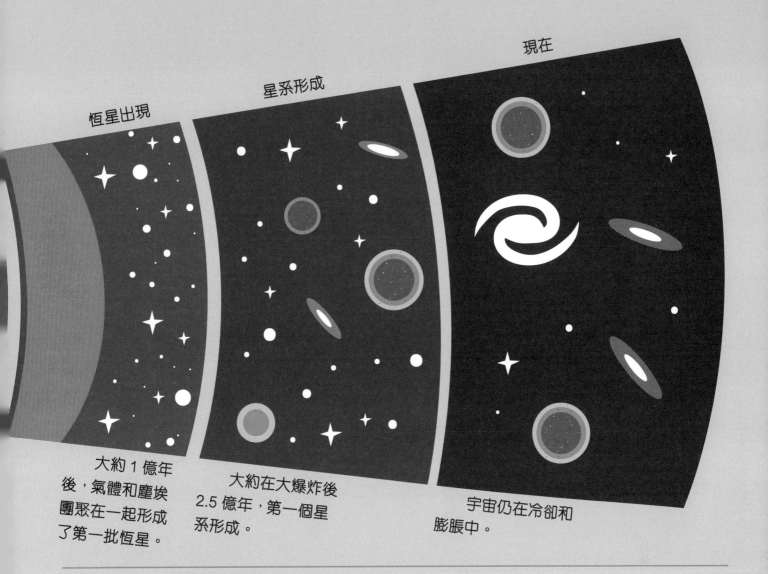

恒星出現

星系形成

現在

大約 1 億年後，氣體和塵埃團聚在一起形成了第一批恆星。

大約在大爆炸後 2.5 億年，第一個星系形成。

宇宙仍在冷卻和膨脹中。

宇宙的結局

有可能宇宙的膨脹最終會耗盡能量，並且開始自行坍縮，這種理論被稱為「大擠壓理論」。而另一個宇宙有可能從大擠壓後微小而致密的物質中誕生。

你知道嗎

漸行漸遠

宇宙仍在迅速膨脹，一切都以越來越快的速度遠離其他一切。在未來的數百萬年裏，遙遠的恆星可能會離地球更遠，以至於它們的光永遠無法到達地球。

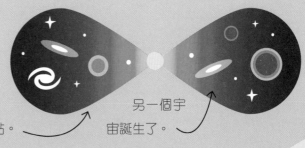

宇宙坍縮成一個點。

另一個宇宙誕生了。

超級太空科學家

自古以來，人類就仰望天空，想知道在我們自己的世界之外還有甚麼。從繪製星圖到將人造衛星送入軌道，研究太空增加了我們對其他世界的了解，並且推進了我們可知可達範圍的邊限。

星圖

韓國天文學家們繪製了天象列次分野之圖，這是一張夜空的詳細星圖，顯示了 1,467 顆恆星，並且確定了 283 個星座。星座是一組恆星，它們之間用想像的線連在一起形成圖案。

1395年

公元 7 世紀

15 世紀 20 年代

韓國天文台

在韓國新羅王國的首都，也就是現在的慶州，天文學家們建造了一座名為「瞻星台」的天文台，幫助古代天文學家們更好地觀察夜空。瞻星台是當今世界上最古老的天文台之一。

兀魯伯天文台

中亞帖木兒帝國的統治者兀魯伯（Ulugh Beg）也是天文學家，他在撒馬爾罕（今日的烏茲別克斯坦）建造了一座三層天文台。1449 年這座天文台被摧毀，但是巨大的六分儀（一種用於計算恆星位置的工具）的一部分仍然存在。

這座塔由 365 塊石頭建造，每塊石頭對應一年中的一天。

塔奇丁天文台

數學家和天文學家塔其·丁（Taqi al-Din）在奧斯曼帝國首都君士坦丁堡（今日的伊斯坦布爾）建立了一座天文台。雖然這座天文台只存在了幾年，但是它被認為是當時世界上最大的天文台之一。

橢圓形軌道

德國數學家和天文學家約翰內斯·開普勒（Johannes Kepler）發表了他的行星運行定律，證明了行星以橢圓形軌道圍繞太陽運行，還提供了計算軌道上不同點的速度的方法。

1609年

1610年

1577年

1543年

木星的衛星

意大利天文學家伽利略·伽利萊使用望遠鏡發現了四顆圍繞木星運行的衛星。這表明，正如哥白尼所說，並非一切都圍繞地球運行。伽利略因此支持哥白尼的日心說。

伽利略是最早使用望遠鏡進行天文觀測的科學家之一。

圍繞太陽運行

波蘭天文學家尼古拉·哥白尼（Nicolaus Copernicus）發表了他的「日心說」理論：位於宇宙中心的是太陽，而不是地球，所有行星和恆星都圍繞太陽運行。雖然我們現在知道太陽只是太陽系的中心，而不是整個宇宙的中心，但是哥白尼的理論挑戰了當時廣泛持有的信念，因此是革命性的。

脈動變星

美國天文學家亨麗埃塔・斯旺・勒維特（Henrietta Swan Leavitt）研究了一組稱為「造父變星」的恆星。變星會「脈動」，意思是它們的亮度隨着時間有周期性變化。勒維特發現這組造父變星完成一個亮度循環所需的時間與它們的亮度之間有關係。這一發現使計算這些恆星與地球的距離成為可能。

發現黑洞

幾十年來，科學家們一直懷疑有黑洞存在。黑洞是具有極端強大的、連光都無法逃逸的引力的太空區域。在一次火箭飛行中發現的天鵝座 X-1 證明他們是正確的。天鵝座 X-1 現在被認為是一個「恆星級黑洞」，也就是說，它是一顆大質量恆星自身坍縮後形成的。

1912年 **1961年** **1964年** **1967年**

太空第一人

蘇聯太空人尤里・加加林（Yuri Gagarin）成為第一位進入太空的人，從而創造了歷史。加加林乘坐名為「東方 1 號」的宇宙飛船太空艙圍繞地球飛行了 108 分鐘，然後重新進入大氣層，從太空艙中彈射出來，並且用降落傘回到地球表面。

揭開謎團

北愛爾蘭物理學家約瑟琳・貝爾・伯奈爾（Jocelyn Bell Burnell）使用自己幫助建造的巨大望遠鏡，探測到了來自太空的神秘無線電脈衝，她和她的團隊後來發現它們來自中子星。中子星是超巨星坍塌後形成的高密度殘骸，它們快速旋轉，發出輻射，現在被稱為「脈衝星」。

航行者 1 號
的天線將數據發
送回數十億公里
外的地球。

哈勃太空望遠鏡

美國太空總署將哈勃太空望遠鏡送
入地球軌道，它是第一個進入太空的望
遠鏡。哈勃太空望遠鏡位於地球大氣層
上方，這意味着它可以比從地球表面更
清晰地觀察宇宙，讓科學家們得以窺探
遠達百億光年的太空，尋找新的行星、
恆星、星系和許多其他太空現象。

航行者 1 號探測器

美國太空總署於 1977 年發
射了航行者 1 號太空探測器，它
被送入太空，飛越木星和土星，
收集數據。但是它的旅程並沒有
就此結束。2012 年 8 月，它進
入星際空間，成為第一個離開太
陽系的人造物體。

2012年

2021年

1969年 1990年

首次登月

在尤里・加加林的太空之旅 8 年
後，美國太空人尼爾・阿姆斯特朗（Neil
Armstrong）成為第一位登上月球的人。19
分鐘後，他的同伴巴茲・奧爾德林（Buzz
Aldrin）緊隨着他身後登上月球。在月球
上，他們拍照、收集月球岩石和土壤樣本，
並且進行了科學實驗，然後安全返回地球。

火星任務

美國太空總署的毅力號火星探測
器登陸火星，任務是收集岩石和塵埃樣
本，尋找火星上可能曾經存在過生命的
跡象，並且測試火星大氣是否有可能產
生氧氣。科學家們設計了這些測試來為
未來的任務做準備，這些任務可能會將
第一批人類送到這顆紅色星球上。

科學明星

從數學家到微生物學家，從天體物理學家到電氣工程師，世界各地的科學家們加深了我們對世界和宇宙的理解。我們這裏介紹的科學明星只是我們應該感謝的眾多傑出人士中的少數幾位。

物理學

傑克・基爾比 (Jack Kilby)

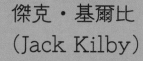

美國電氣工程師傑克・基爾比（1923 年–2005 年）製造了第一個集成電路，也就是微芯片。他的傑出發明使電子產品可以做得更小、更便宜、更可靠。

生物學

羅莎琳德・富蘭克林 (Rosalind Franklin)

英國科學家羅莎琳德・富蘭克林（1920 年–1958 年）為我們了解生物細胞內的密碼 DNA 作出了重要貢獻。她拍攝了 DNA 分子的 X 射線照片，揭示了它們的結構。這項研究使科學家們了解生物如何傳遞遺傳信息。

尚－賈克・穆延貝－坦方 (Jean-Jacques Muyembe-Tamfum)

在 1970 年代，剛果微生物學家尚－賈克・穆延貝－坦方（生於 1942 年）是最早發現致命埃博拉病毒的人之一。在 2010 年代，他領導的團隊開發了一種成功治療此病的方法。

地球科學

尤尼斯・牛頓・富特 (Eunice Newton Foote)

美國科學家尤尼斯・牛頓・富特（1819 年–1888 年）在進行有關太陽光線如何影響不同氣體的實驗時，發現了地球大氣中二氧化碳含量增加所帶來的威脅。她確定了全球暖化的原因。

化學

珀西・拉文・朱利安 (Percy Lavon Julian)

珀西・拉文・朱利安（1899 年–1975 年）與種族偏見持續鬥爭，成為美國最有影響力的化學家之一。他開創了一種從植物中提取藥物的方法，使它們易於大規模生產。

賈格迪什・錢德拉・博斯 (Jagadish Chandra Bose)

印度科學家賈格迪什・錢德拉・博斯（1858 年–1937 年）製造了一種可以檢測無線電信號的設備，但是他選擇不申請專利，這讓意大利人伽利爾摩・馬可尼（Guglielmo Marconi）因發明無線電收音機而聲名鵲起。

納吉斯・瑪瓦瓦拉 (Negris Mavalvala)

出生於巴基斯坦的天體物理學家納吉斯・瑪瓦瓦拉（生於 1968 年）是一個團隊的主要成員，該團隊首次探測到引力波，也就是由宇宙中的極端事件引起的太空漣漪。他們的研究證實了阿爾伯特・愛因斯坦的廣義相對論的主要部分。

馬里奧・J・莫利納 (Mario J. Molina)

墨西哥化學家馬里奧・J・莫利納（1943 年–2020 年）發現有害的人造化學物質正在破壞地球大氣中的臭氧層。後來，他幫助制定了一項禁止使用這些化學物質的全球條約，有助於臭氧層癒合。

旺加里・馬塔伊 (Wangari Maathai)

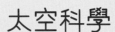

肯尼亞環保主義者旺加里・馬塔伊（1940 年–2011 年）創立了綠帶運動，這個組織已經種植了超過 5,000 多萬棵樹木，幫助扭轉環境破壞。

太空科學

瓦倫蒂娜・特雷斯科娃 (Valentina Tereshkova)

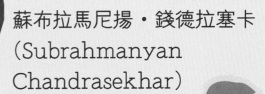

1963 年，俄羅斯太空人瓦倫蒂娜・特雷斯科娃（生於 1937 年）成為第一位在太空飛行的女性。在執行任務期間，她進行了各種測試來記錄人體如何應對太空飛行。

蘇布拉馬尼揚・錢德拉塞卡 (Subrahmanyan Chandrasekhar)

1930 年代，印度天體物理學家蘇布拉馬尼揚・錢德拉塞卡（1910 年–1995 年）通過計算，證明了黑洞的存在。科學界再過了 40 年才接受他的解釋。

格特魯德・B・埃利安 (Gertrude B. Elion)

美國化學家格特魯德・B・埃利安（1908 年–1999 年）在研究新藥時，開發了一種設計藥物的新方法，使藥物能夠針對在細胞內引起疾病的細菌而不傷害細胞本身。她的研究促成了白血病、瘧疾和幾種病毒感染的成功治療。

詞彙表

酸 acid
pH 值小於 7 的物質。

煉金術 alchemy
早期的化學，其主要目標是尋找一種難以捉摸的物質，稱為「哲人之石」，認為它可以將普通金屬轉化為黃金。

等位基因 allele
染色體內基因座的 DNA 序列的許多不同變化。

抗生素 antibiotic
一種可殺死細菌的藥物。

原子 atom
不能被化學反應再分割的基本微粒。原子由質子、中子和電子組成。

細菌 bacteria
微小單細胞生物，是地球上生物的主要類羣之一。

氣壓計 barometer
測量大氣壓強的儀器。

鹼 base
pH 值大於 7 的物質。

大爆炸 Big Bang
描述宇宙在大約 138 億年前的起源和演化的科學理論。

生物學 biology
研究生物（包括植物、動物和微生物）的結構、功能、發生和發展規律的學科。

細胞 cell
生物體基本的結構和功能單位。

化學 chemical
描述物質的另一個詞彙，通常由幾種元素組成。

化學 chemistry
主要在分子和原子層面，研究物質的組成、性質、結構與變化規律，創造新物質的學科。

化合物 compound
由多種元素構成的物質。

傳導體 conductor
一種能讓熱和電力容易通過的物質。

電流 current
流動的電荷。

脫氧核糖核酸 DNA
細胞內的一種化學物質，攜帶遺傳信息。

地球科學 earth science
研究地球及其周圍空氣的學科。

電 electricity
靜止或移動的電荷所產生的物理現象。

電子 electron
原子中三個主要粒子之一。電子圍繞原子核運行，帶有負電荷。

元素 element
一種不能被分割成簡單物質的純物質。

能量 energy
一種能讓事情發生的力量。

宙 eon
地質年代表中最長的時間單位。

赤道 equator
將地球分成相等的北半球和南半球的假想圓周線。

代 era
地質年代表中第二長的時間單位。一個「宙」被分為數個「代」。

逃逸速度 escape velocity
物體擺脫天體的引力並飛入太空所需要的運動速度。

進化 evolution
生命形態發生、發展的演變過程。

力 force
推或拉。力可以使物體改變速度、方向或形狀。

化石 fossil
保存在岩石中的生物遺骸或痕跡。

星系 galaxy
數量巨大的恒星系及星際塵埃組成的運行系統。宇宙中有數千億個星系。

氣體 gas
物質存在的一種狀態，沒有形狀但有體積，可壓縮，可膨脹。

基因 gene
DNA 片段，含有特定的遺傳信息。

遺傳學 Genetics
研究基因如何從父母傳給後代的學科。

地質學 geology
研究地球岩石和礦物的學科。

全球定位系統 Global Positioning System
一個能幫助我們定位的，圍繞地球運行的人造衞星系統。

全球暖化 global warming
由人為造成地球的大氣和海洋的平均溫度升高的現象。

引力、重力 gravity
引力是任何兩個物體之間的與它們的質量相關的吸引力，也稱為「萬有引力」，它使我們的腳保持在地面上，並使物體在掉落時掉落到地球上。

引力助推 gravity assist
太空船經過行星時利用行星的引力來幫助改變自己的速度，以此來節省燃料。

濕度計 hygrometer
用來量度大氣濕度的儀器。

緯度 latitude
地球表面南北距離的度數，從赤道到南北兩極各分 90°。

光 light
通常指的是人類眼睛可以看見的電磁波，也稱為可見光。

光年 light-year
光在一年中傳播的距離，一般被用於衡量天體之間的距離。

液體 liquid
物質存在的一種狀態，易於流動並易於改變形狀。液體中的粒子可以流動。

經度 longitude
地球上一個地點離一條被稱為「本初子午線」以東或以西的度數。本初子午線是一條從北極到南極穿過英國倫敦格林尼治天文台原址的假想線。

磁鐵 magnet
在周圍和自身內部產生磁場的物體或材質。

質量 mass
物體中物質的數量，以公斤、克或噸為單位。

物質 matter
一般是指靜止質量不為零的東西，也常用來泛稱所有組成可觀測物體的成份。

金屬 metal
一類元素，具有非常有用的特性，例如堅硬、易於成型和能夠導電。

微生物 microbe
微小的生物，例如細菌和病毒，只能用顯微鏡看到。有些微生物對生物有害。

銀河系 Milky Way
一個由很多億顆恆星組成的巨大螺旋狀星系。我們的太陽系位於銀河系內。

礦物 mineral
在各種地質作用下形成的天然化合物或單質。

分子 molecule
構成物質的粒子，由單個或多個原子組成。

自然選擇 natural selection
生物在生存競爭中適者生存、不適者被淘汰的現象。

中子 neutron
原子核中的兩個主要粒子之一。中子不帶電。

核子 nuclear
與原子核有關的。核能由原子核分裂或兩個原子核聚合而產生。

原子核，細胞核 nucleus
（1）原子的中心部分，由質子和中子組成；（2）生物細胞的控制中心，所有的DNA 都儲存在那裏。

生物 organism
有生命的物體。

臭氧 ozone
地球的大氣層的平流層中臭氧濃度高的部分稱為臭氧層，它保護我們免受太陽光線的傷害。

粒子 particle
能夠以自由狀態存在的最小物質組成部分，例如原子或分子。

元素週期表 periodic table
依原子序數、核外電子排佈情況和化學性質的相似性來排列化學元素的表格。

酸鹼值，pH 值 pH scale
用於測量物質的酸性或鹼性程度的標度。

物理學 physics
研究宇宙如何運作的學科，注重於研究物質、能量、運動、空間和時間等主題。

聚合物 polymer
大量小分子以重複模式連接在一起形成的長鏈物質。許多聚合物具有有用的特性，例如很結實。

壓力 pressure
垂直壓在物體上的力。

質子 proton
原子核中的兩個主要粒子之一。質子帶有正電荷。

輻射 radiation
能量以波或粒子的形式從一個地方傳播到另一個地方。

放射性 radioactivity
雖然大多數原子是穩定的，不會隨時間變化，但是有些原子是不穩定的，可以自發地放出射線。我們稱這些不穩定原子具有放射性。

科學方法 scientific method
通過實驗檢驗設想來發現新事實的方法。

太陽系 solar system
太陽和所有圍繞它運行的天體，包括地球和其他行星。太陽系是銀河系中很小的一部分。

固體 solid
物質存在的一種狀態，具有固定的體積和形狀。固體中的粒子不能自由移動。

溶液 solution
兩種或兩種以上的物質混合形成的均勻穩定的液體。

聲納 sonar
利用聲波的傳播和反射特性來進行導航和測距的技術。

恆星 star
太空中的巨大的高溫氣體球，主要是氫氣和氦氣，靠萬有引力聚集成一團。

靜電 static electricity
處於靜止狀態的電荷，不流動的電荷。

溫度計 thermometer
用於測量溫度的儀器。

宇宙 universe
整個太空以及它所包含的一切。

病毒 virus
最小的微生物，可以感染活細胞，並且製造自身的副本。

X 射線 X-ray
一種頻率極高、波長極短、能量很大的電磁波，可用於拍攝人體內部的照片。

索引

致謝

DK would like to thank the following people for their assistance in the preparation of this book:

Editorial Assistant: Zaina Budaly; Additional Writing: Maliha Abidi; Picture Research: Vagisha Pushp; Picture Research Manager: Taiyaba Khatoon; Cutouts and Retouches: Neeraj Bhatia; Jacket Designer: Juhi Sheth; DTP Designer: Rakesh Kumar; Jackets Editorial Coordinator: Priyanka Sharma; Managing Jackets Editor: Saloni Singh; Index: Helen Peters; Proofreading: Victoria Pyke.

The publisher would like to thank the following for their kind permission to reproduce their photographs:

(Key: a-above; b-below/bottom; c-center; f-far; l-left; r-right; t-top)

10 Shutterstock.com: gillmar (crb). 14 Getty Images: Barcroft Media / Feature China (cb). 19 Dreamstime.com: Sdecoret (cra). 23 123RF.com: angellodeco (cra). 27 Science Photo Library: Michael J Daly (cra). 31 Dreamstime.com: Photka (br). 35 Alamy Stock Photo: Minden Pictures / Buiten-beeld / Otto Plantema (br). 46 Getty Images / iStock: PARETO (br). 50 Alamy Stock Photo: Dino Fracchia (clb); Science Photo Library / Alfred Pasieka (crb). Science Photo Library: Biografx / Kenneth Eward (cb). 51 Depositphotos Inc: NASA.image (cra). 55 Dreamstime.com: Monkey Business Images (br). 62 Shutterstock.com: Shin Okamoto (crb). 67 Dreamstime.com: Imtmphoto (br). 70 Dreamstime.com: Paul Reid (cr). 75 Dreamstime.com: South12th (bc). 79 Alamy Stock Photo: SWNS (cr). 83 Alamy

Stock Photo: Cultura Creative RF / Monty Rakusen (cra). 94 Alamy Stock Photo: John Bentley (tr). 97 Dorling Kindersley: Science Museum, London / Dave King (br). 98 Alamy Stock Photo: Maria Galan Clik (bc). 103 Dreamstime.com: Seadam (bc). 115 Alamy Stock Photo: Naeblys (bc). 117 Alamy Stock Photo: Science History Images / Photo Researchers (crb). 118 Alamy Stock Photo: Science History Images / Photo Researchers (tr)

All other images © Dorling Kindersley

For further information, see: www.dkimages.com